小学生がたった1日で 19×19まで かんぺきに 暗算できる本

計算の達人編

小杉拓也

東大卒プロ算数講師
志進ゼミナール塾長

ダイヤモンド社

おみやげ算で、さまざまな計算の達人になろう！

君は、11×11〜19×19の暗算ができる「おみやげ算」をもうマスターしただろうか？　この本は、おみやげ算を身につけていても、身につけていなくても取り組めるようにつくったから、安心してほしい。ちなみに、暗算とは、頭の中で計算することだよ。

この本はズバリ『小学生がたった1日で19×19までかんぺきに暗算できる本』をさらにパワーアップさせた１冊だ！　そして、「＋、－、×、÷、( ) と、おみやげ算のまじった計算」ができるようになることをゴール（目標）にしているよ。君の計算力を、この本でさらに強くしよう！

※８ページ〜に、親御さん向けの「本書のねらい」を載せていますので、ご覧ください。

例えば、おみやげ算を使えば、「14×17」や「19×18」のような計算を、筆算しなくても、頭の中でパパッと計算できる。

この本は、小学３年生以上向けだ。第１章は「おみやげ算の練習」からスタートするから、くりかえしになるけど、まだ、11×11〜19×19の暗算（おみやげ算）を身につけていないみんな（１冊目の『小学生がたった1日で19×19までかんぺきに暗算できる本』をしていない場合）も取り組める。ちなみに、小学２年生以下でも挑戦できそうな人はぜひトライしてほしい。

すでに、おみやげ算をマスターしているみんなも、第１章で復習することで、さらにすばやく正確な計算力と暗算力が身につくんだ。

今回の本『計算の達人編』は、おみやげ算だけではなく、さまざまな暗算ができるようになり、君の計算力をさらに伸ばす１冊だ。

どんな暗算を習うかは、４ページ〜の「達人の城への秘密の地図」をみてほしい。さまざまな暗算を学んで、身につけたすべての計算法を使って、最後に「計算の達人とのテスト」に挑戦しよう！

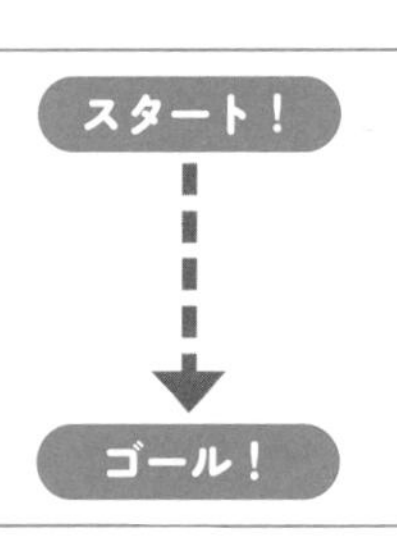

この本を１冊やりきることで、次の計算が一気にできるようになるよ！

この１冊で、次の計算が全部できるようになる！

- 11×11〜19×19の暗算ができる「おみやげ算」
- 「３ケタまでの数＋１ケタ」と「３ケタまでの数−１ケタ」の暗算
- かんたんな割り算
- ＋−×÷と（ ）のまじった計算
- ＋、−、×、÷、（ ）と、おみやげ算のまじった計算

スタート！ → ゴール！

割り算や、（ ）のまじった計算は、学校でまだ習ってないって？

そう思った君、安心してほしい。「割り算」や「＋−×÷と（ ）のまじった計算」をまだ習っていなくても、イチからゆっくり教えるから、きっとできるようになるよ。

しかも、とてもかんたんなところから始めて、階段を一段ずつのぼるように、楽しみながら、さまざまな計算や暗算を身につけられるようにつくったから大丈夫だ。

そして、100ページ〜では、「おみやげ算で計算できる理由（たねあかし）」もしっかりのせている。前の本とちがって、たての長さが横の長さより長い長方形を使って説明しているよ。

この本を解き終えて、さまざまな計算ができるようになれば、算数の計算が今よりもっともっと好きに得意になっているはずだ！

次は、「達人の城への秘密の地図」を紹介するよ！

れっつごー

達人の城への秘密の地図

第1章 おみやげ算をかんぺきにしよう！ 10～41ページ

スタート

$14 \times 17 = ?$　$17 \times 13 = ?$

$19 \times 18 = ?$　$16 \times 12 = ?$

さあ、出発！

第2章 たし算と引き算、割り算の暗算をしよう！ 42～73ページ

ステップ1 「3ケタまでの数＋1ケタ」と「3ケタまでの数－1ケタ」の暗算

$34 + 8 = ?$　$878 + 6 = ?$

$67 - 9 = ?$　$992 - 5 = ?$

ステップ2 かんたんな割り算

$20 \div 5 = ?$　$36 \div 4 = ?$

$64 \div 8 = ?$　$72 \div 9 = ?$

気を付けながら♪

第3章 ＋－×÷と( )のまじった計算をできるようになろう！ 74～96ページ

一歩ずつ♪

ステップ1 ふつうは左から計算する！

$22 - 5 + 8 = ?$　$2 \times 3 \times 4 \div 6 = ?$　$12 \div 6 \times 4 \times 8 = ?$

ステップ2 「×と÷」は、「＋と－」より先に計算する！

$5 + 4 \times 6 = ?$　$6 \times 2 - 42 \div 7 = ?$　$24 \div 3 + 2 \times 9 = ?$

ステップ3 かっこがある式では、かっこの中を一番先に計算する！

$7 \times (9 - 8) = ?$　$24 \div (1 + 2) + 5 = ?$　$(7 + 28) \div 5 + 36 = ?$

ステップ4 おみやげ算と、かっこを使う計算をしよう！

$8 + (5 + 8) \times 12 = ?$　$14 \times (1 + 2 \times 7) = ?$　$7 \times (8 \div 4) \times (22 - 5) = ?$

対決の章
計算の達人との
挑戦テスト
97〜99ページ
さあ、
いよいよ！
わからなくなったら
少しもどってみよう♪
達人の城の
入り口に到着！
総まとめテスト
その1
17 × (8 + 8) − 5 = ?
(6 × 4 − 5) × 14 = ?
対決！達人との挑戦テスト
勝てる
かな？
対決！
達人の弟子
総まとめテスト
その2
(5 × 3 − 4) × (8 + 9) = ?
2 × (48 ÷ 6 − 1) × 15 = ?
身につけたすべての
計算法を使おう！
総まとめテスト
その3
9 + (2 × 8) × (5 + 8) = ?
(11 + 5) ÷ (1 × 2) + (21 − 8) × (13 + 6) = ?

目次

本書のねらい

「前作（『小学生がたった1日で19×19までかんぺきに暗算できる本』）は19×19までの暗算だけだったが、本作では、さまざまな計算（暗算）を学ぶのはなぜ？」と考える親御さんもおられるのではないでしょうか。

そこで、その疑問に答えるという意味も含めて、「本書のねらい」と「本書をやりきることで、どんな計算力が身につくのか」について詳しく解説します。

「はじめに」の内容とも重なりますが、本書のゴールは「+、−、×、÷、( )と、おみやげ算のまじった計算」をできるようになることです。本書を最後まですることで、次の計算をすべて身につけることができます。比較的長い式の計算は、中学入試にも頻出です。

❶ 11×11〜19×19の暗算ができる「おみやげ算」
❷「3ケタまでの数+1ケタ」と「3ケタまでの数−1ケタ」の暗算
❸ かんたんな割り算
❹ +−×÷と（ ）のまじった計算
❺ +、−、×、÷、( )と、おみやげ算のまじった計算

まず、❶から❺まで、お子さんができるだけつまずかないことをかなり強く意識して、スモールステップ形式（きめ細かい段階的な学習）でつくりましたのでご安心ください。続けて、上記の❶〜❺のそれぞれについて解説します。

❶については前作に続き、おみやげ算を反復練習することで、やり方を定着させ、お子さんの計算力、暗算力のさらなる強化を目指します。

❷については、頻出の計算にもかかわらず、（その暗算の仕方について）小学校ではほとんど習わないため、収録しました。また、❹の「+−×÷と（ ）のまじった計算」の計算で必要になるため、という理由もあります。

「おみやげ算のなかで『3ケタ+2ケタ』の計算をするのに、『3ケタまでの数±1ケタ』の練習をするのはなぜ？」と思われる方もいるかもしれません。

この理由については、少し細かい話になります。おみやげ算で出てくる「3ケタ+2ケタ」は、「190+14」のように、一の位が0の、3ケタの数にたす計算しか出てきません。そこで、本書では、くり上がり、くり下がりを含めた「3ケタまでの数±1ケタ」の暗算練習を収録しています。

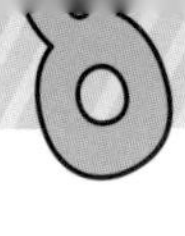

❸の「かんたんな割り算」については小学3年生で習うので、本書に取り組む段階で、すでにスムーズにできるお子さんも多いでしょう。一方、本書の対象学年は小学3年生以上ですが、小学1年生くらいで取り組むお子さんもいます。その子たちにとってもゼロから理解できるように「割り算の計算法」を収録しました。また、❹の「＋－×÷と（ ）のまじった計算」で必要になるため、という理由もあります。

❹の「＋－×÷と（ ）のまじった計算」は、公立の小学校では4年生で習います。「本書の対象学年は小学3年生以上なのに、できるの？」と思われる方もおられるかもしれませんが、この計算もゼロからかなり丁寧に解説し、しかもスモールステップ形式で理解できるようにつくりましたので、ご安心ください。

「＋－×÷と（ ）のまじった計算」は、小3のお子さんにとっては予習になりますし、小5、小6のお子さんにとっては良い復習になる項目です。

❺の「＋、－、×、÷、（ ）とおみやげ算のまじった計算」では、例えば、次のような計算を扱います。

- $18 \times 19-(14-8)=$
- $7\times(8\div4)\times(22-5)=$

一見ややこしそうな計算ですね。本書では、最終的にこのレベルを計算（できれば暗算）できることを目指します。

例に挙げたような、長い式の計算は、実は、公立小学校ではあまり練習しません（先述したように、中学受験では頻出です）。そのため、中学校に入ってから「$(2x-y+5)-(3x-2y-7)=$」のような長い式の計算に戸惑ってしまう子がけっこういます。

そのようなことを避けるため、小学生のうちから長い式の計算に慣れておくことが必要です。長い式の計算の答えを求めるには「根気強く正確な順で解く力」が求められます。この力は、計算力の強化に直結するため、できるだけ早い段階で身につけることをおすすめします。また、このレベルの計算をスムーズにできることで、中学受験をご検討かどうかにかかわらず、学校や塾での計算がグッと楽になるという効果もあります。

以上が、この本に込めたねらい、私の思いでもあります。本書に取り組んでくれたお子さんが一生役立つ計算力を身につけていただければ幸いです。

小杉　拓也

第1章 おみやげ算をかんぺきにしよう！

じゅんびうんどう

さくらんぼ計算 3ケタ＋2ケタ

前の本ですでに習った人は、この本（38ページまで）で、もう一度、おみやげ算の計算をかんぺきにしよう！
この本で「おみやげ算」を初めて知る人は、ここからじっくり学んでいこう！

おみやげ算では、「190＋14」、「270＋72」などのくり上がりのあるたし算を、ときどき、暗算（頭の中で計算）するときがあるんだ（「3ケタ＋2ケタ」の、3ケタの数の一の位は0）。

でも、いきなり暗算しようっていわれても大変だよね。
そこで役に立つのが、さくらんぼを使うたし算だよ！

さくらんぼを使うたし算になれてから、頭の中で計算できるようになればいいんだ。

例えば「190＋14」を、さくらんぼを使って解いてみよう。
頭の中で「190＋14」を、筆算を思いうかべて計算しようとすると、ややこしくなりそうだね。そこで、「190に何をたしたら200（きりのよい数）になるか」を考えるのが、この計算のポイントだ。
きりのよい数をつくることで計算しやすくなるからね。

「190＋14」の解き方

①まず、「190に何をたせば、200になるか」を考えよう。そう、10だね。

190＋14＝

何をたせば200になる？ ⇒10だ！

②ここで、①の10を使うよ。14を、10と4に分けるんだ。14の下にさくらんぼをかき、10と4に分けて書こう。

190＋14＝

10　4 ←14－10

③190に10をたして200。200と、右のさくらんぼの4をたして、「190＋14」の答えは204だ。

190＋　14　＝204

10　4

190＋10＋4＝204

200

なれるために、例えば「270＋72」も計算してみよう。

たして200や300になる数を見つければいいんだ♪

「270＋72」の解き方

①まず、「270に何をたせば、300になるか」を考えよう。そう、30だね。

$$270+72=$$

何をたせば300になる？ ⇒30だ！

②ここで、①の30を使うよ。72を、30と42に分けるんだ。72の下にさくらんぼをかき、30と42に分けて書こう。

$$270+72=$$

(30) (42) ←72－30

③270に30をたして300。300と、右のさくらんぼの42をたして、「270＋72」の答えは342だ。

$$270+72=\boxed{342}$$

(30) (42)

$$\underbrace{270+30}_{300}+42=342$$

では、次のページから、同じように問題を解いていこう！

11ページと同じように、○と□にあてはまる数を入れよう！ ❶と❷はヒントをもとに考えてみてね。

▶答えは105ページ

❶ 260 + 63 = □

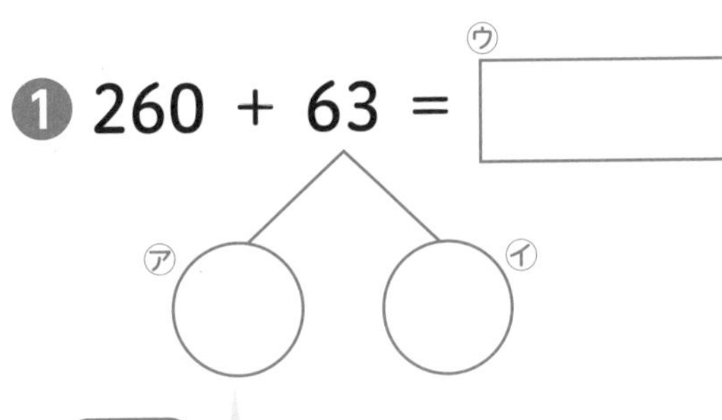

ヒント
260に何をたせば300になる？

❷ 190 + 27 = □

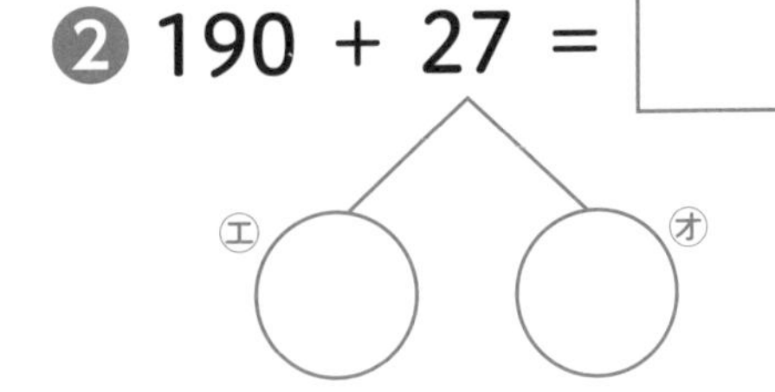

ヒント
190に何をたせば200になる？

❸ 280 + 36 = □

ケ キ ク

❹ 250 + 54 = □

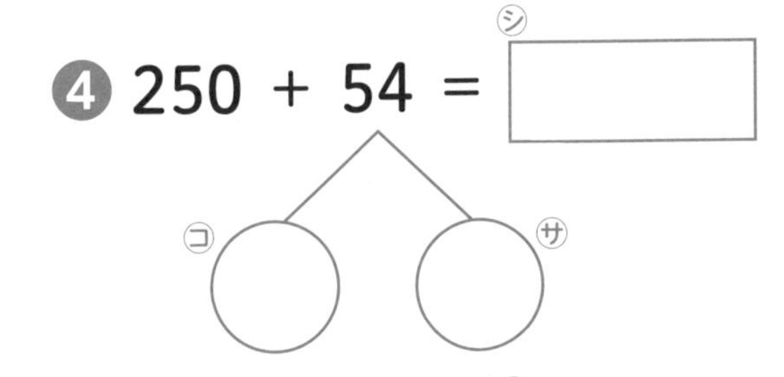

❺ 270 + 77 = □

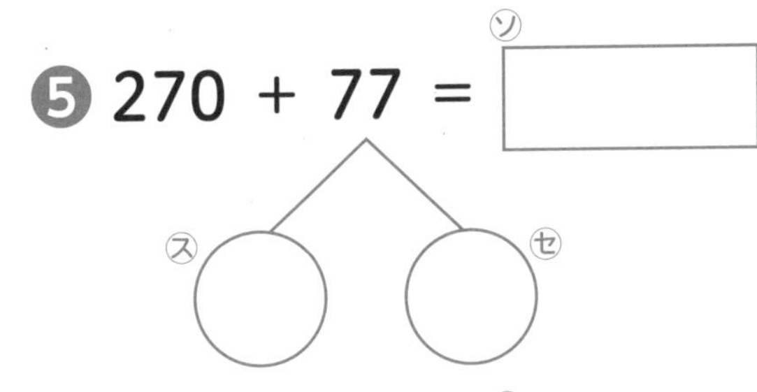

❻ 190 + 16 = □

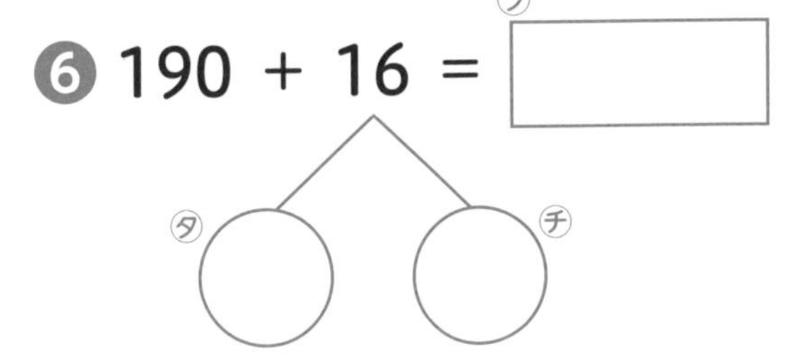

❼ 250 + 60 = □

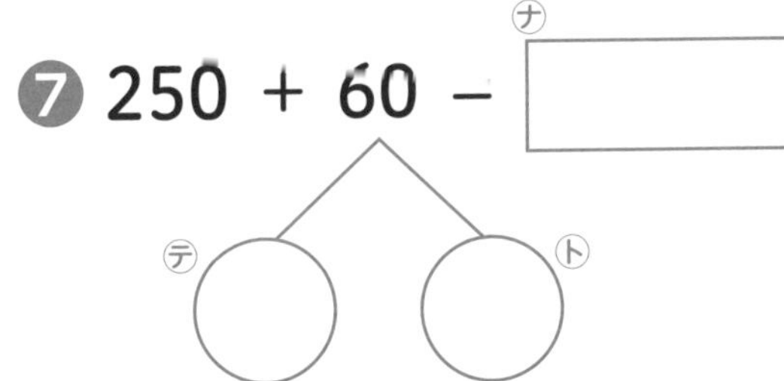

❽ 280 + 49 = □

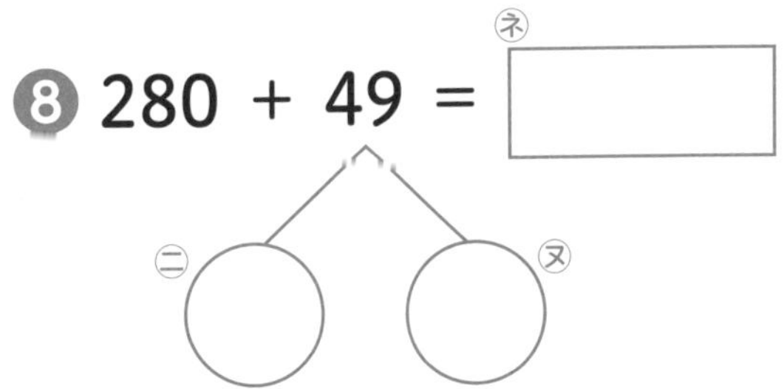

（※親御さんへ … お子さんの暗算力の向上のために、11×11〜19×19では使わない計算も出題しています。2と3も同様です。）

さくらんぼを頭(あたま)の中(なか)で考(かんが)えて、計算(けいさん)してみよう（むずかしそうなら、さくらんぼを式(しき)にかきこんで計算(けいさん)してもいいよ）！

▶答(こた)えは105ページ

❶ 190＋15＝

❷ 250＋74＝

❸ 260＋62＝

❹ 280＋81＝

❺ 270＋60＝

❻ 280＋73＝

❼ 250＋55＝

❽ 270＋75＝

❾ 260＋79＝

❿ 190＋20＝

さくらんぼを頭(あたま)の中(なか)で考(かんが)えて、計算(けいさん)してみよう（むずかしそうなら、さくらんぼを式(しき)にかきこんで計算(けいさん)してもいいよ）！ ▶答(こた)えは105ページ

❶ $280+26=$

❷ $260+64=$

❸ $270+81=$

❹ $190+37=$

❺ $270+55=$

❻ $240+73=$

❼ $260+48=$

❽ $190+18=$

❾ $250+56=$

❿ $280+95=$

おつかれさま！　さあこれで、じゅんびうんどうは終了(しゅうりょう)だ。次(つぎ)のページから、さっそく、おみやげ算(ざん)に入(はい)っていくよ！

ステップ1

これが、おみやげ算だ！

じゅんびうんどうも終わったし、おみやげ算をはじめていこう！

九九で、9×9まではパッと答えられるよね。でも、「おみやげ算」を学んだら、例えば、12×14、17×16、15×19など、**11×11～19×19なら、どんなかけ算でもできるようになる**。なれると頭のなかで計算して、答えられるようにもなるよ。

はじめに、知っておいてほしい言葉がある。例えば、15という数では、「15」の1を十の位という。そして、「15」の5を**一の位**というからおさえておこう。この本でよく出てくるのは、一の位という言葉だよ。

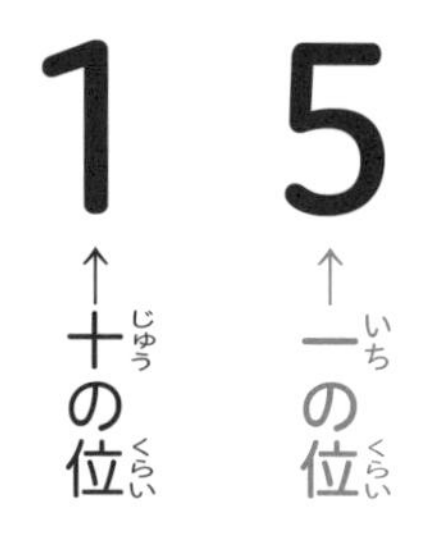

おみやげ算では、くわしく言うと「十の位が1の、2ケタの数どうしのかけ算」ができるんだ。

では、さっそくはじめよう！

次の計算が「おみやげ算」の正体だ。

あ～きに入る数を考えよう。ここでひとつおさえてほしいポイントがある。「たし算とかけ算では、かけ算を先に計算する」ということだ（「計算のきまり」については、第3章でくわしく話すよ）。

では、「18×13」の答えを求めよう！

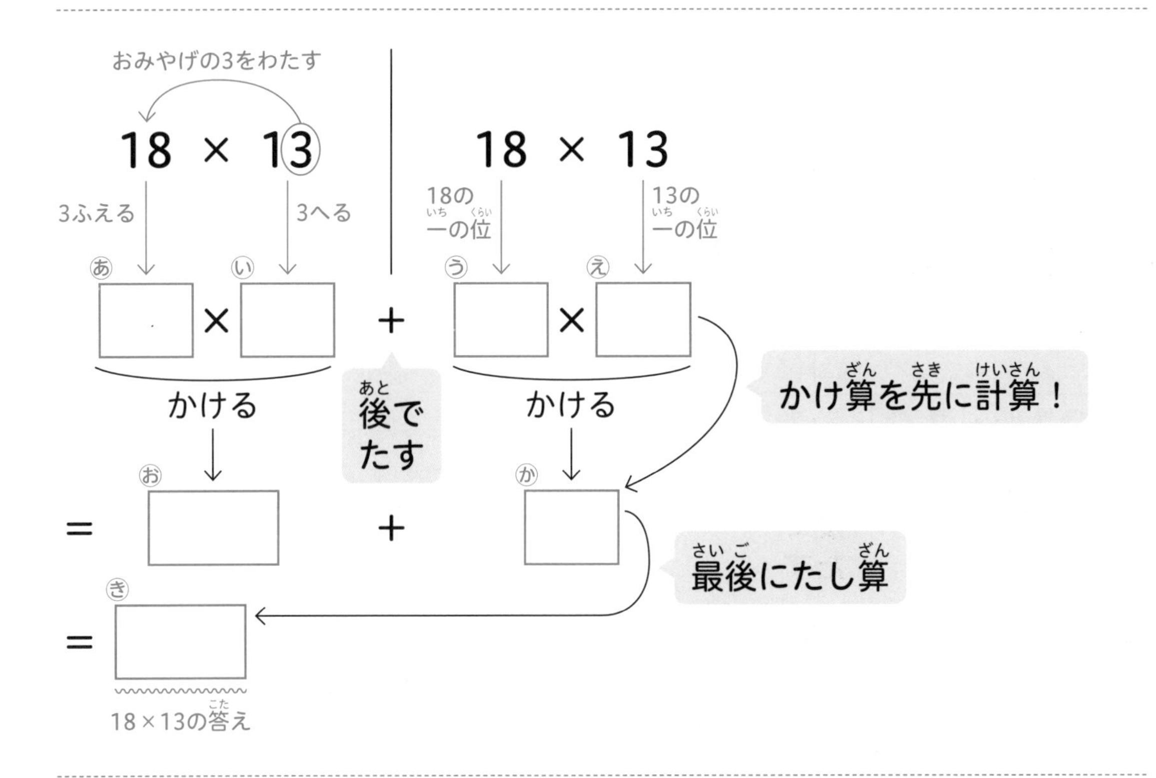

さっそく、あ～きに入る数を言っていくよ。

「18×13」で、13の一の位の3を、おみやげとして、18にわたそう！

あには（18＋3＝）21、いには（13－3＝）10が入る。また、うとえには、18と13の一の位がそれぞれ入るから、うは8、えは3だ。

ここで、さっきのポイントを思い出そう！　「たし算よりかけ算を先に計算する」んだったよね。「ⓐ×ⓘ」と「ⓤ×ⓔ」の計算を先にするということだ。かけ算を先に計算すると、ⓞは（21×10＝）210、ⓚは（8×3＝）24だよ。その後にたし算をするから、ⓚには、210（ⓞ）と24（ⓚ）をたした、234が入る。この234が「18×13の答え」だ。これが、おみやげ算の計算のしかただよ。

答え

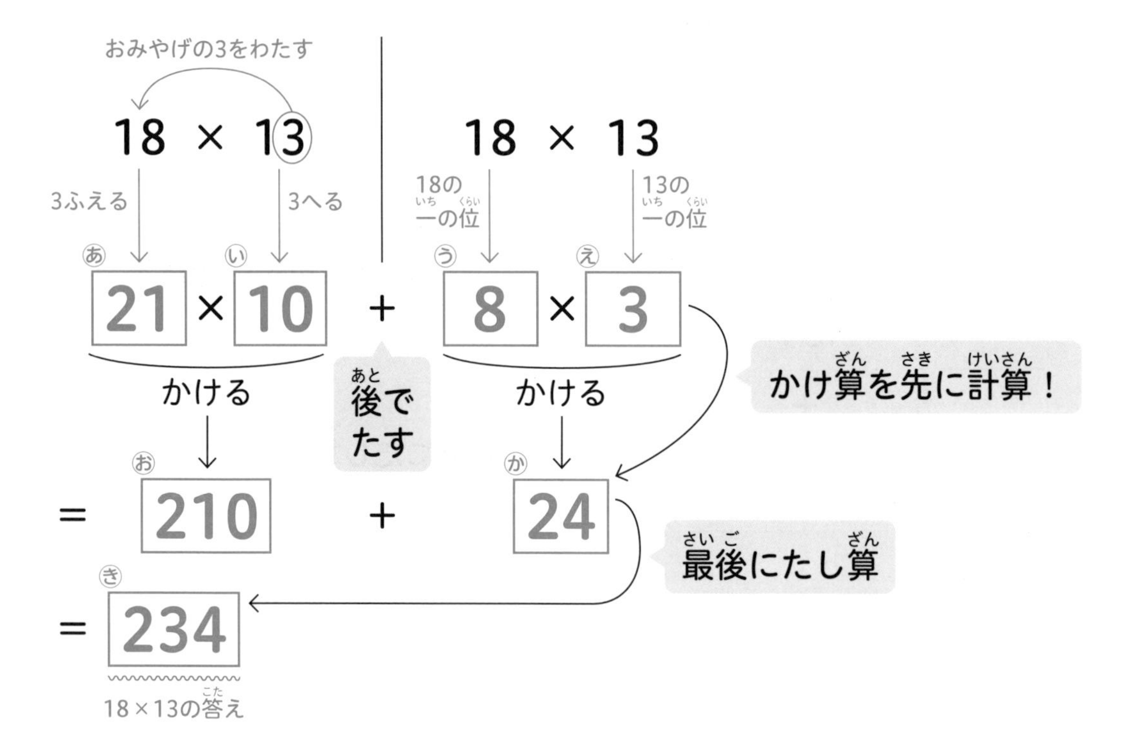

これと同じ方法で、例えば、12×14、17×11、15×19など、11×11から19×19までなら、どんなかけ算でもできるようになるんだ。

では、次のページから、同じように問題を解いていこう！

（※親御さんへ　…　今回の「18×13」では、最後のたし算「210＋24」はくり上がりがありませんでした。一方、他のおみやげ算（17×19など）では、くり上がりのあるたし算になる場合があります。10ページ～の「じゅんびうんどう　さくらんぼ計算」は、そのための練習です。）

18ページと同じように、□にあてはまる数を入れよう！ ▶答えは105ページ

❶ 12 × 15 =

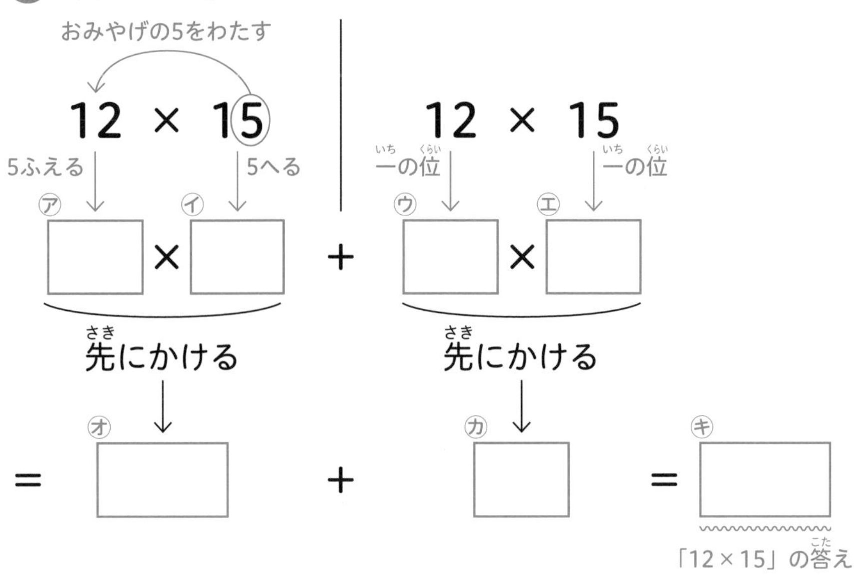

❷ 14 × 14 =

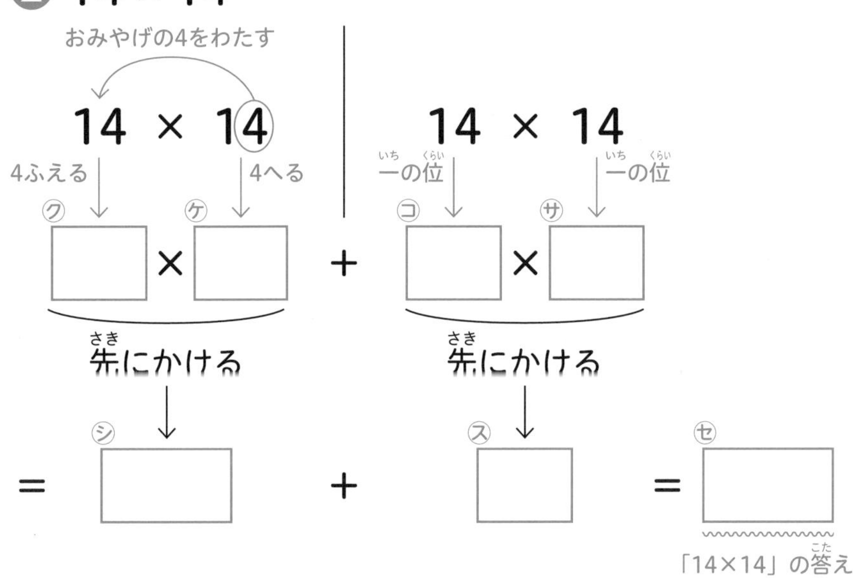

18ページと同じように、□にあてはまる数を入れよう！　少しずつ説明をへらしていくよ。

▶答えは105ページ

❶ 19×11＝

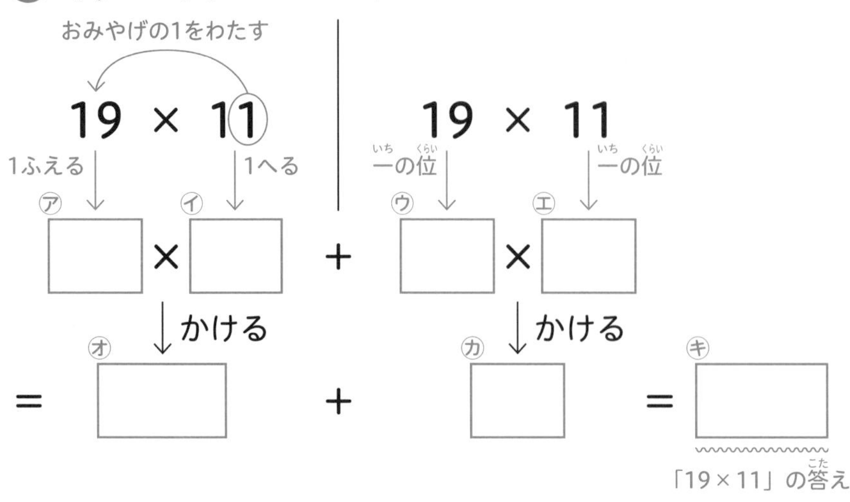

❷ 15×17＝

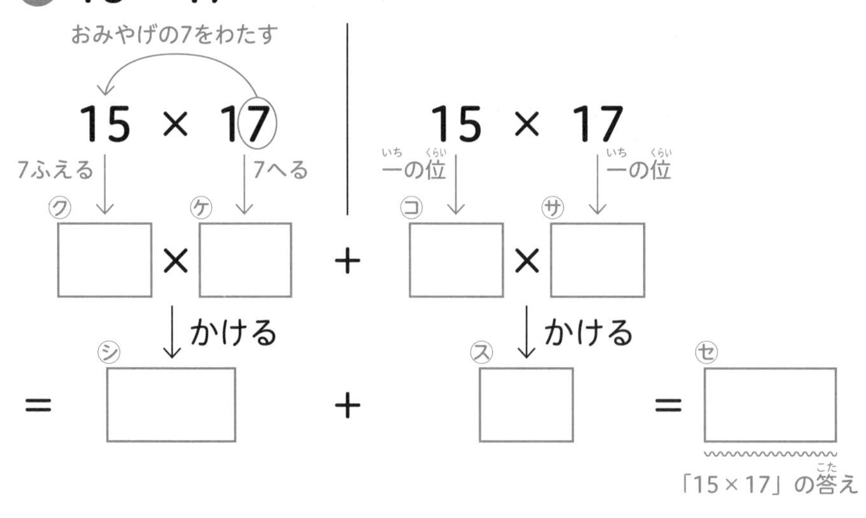

最初はあまり急がず、
ゆっくり考えていこう♪

18ページと同じように、□にあてはまる数を入れよう！　少しずつ問題をかえていくよ。同じ記号には、同じ数が入るからね。

▶答えは105ページ

❶ 18 × 14 =

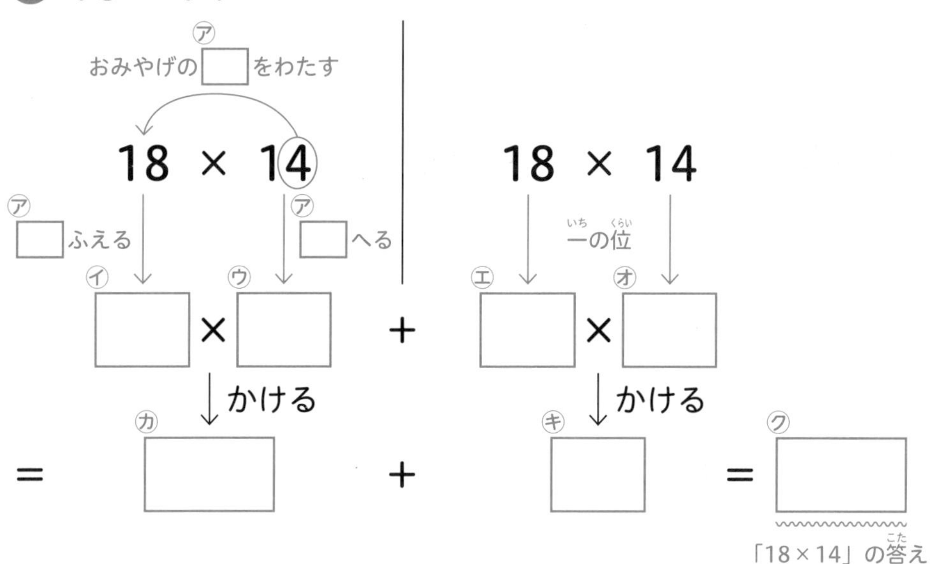

❷ 13 × 12 =

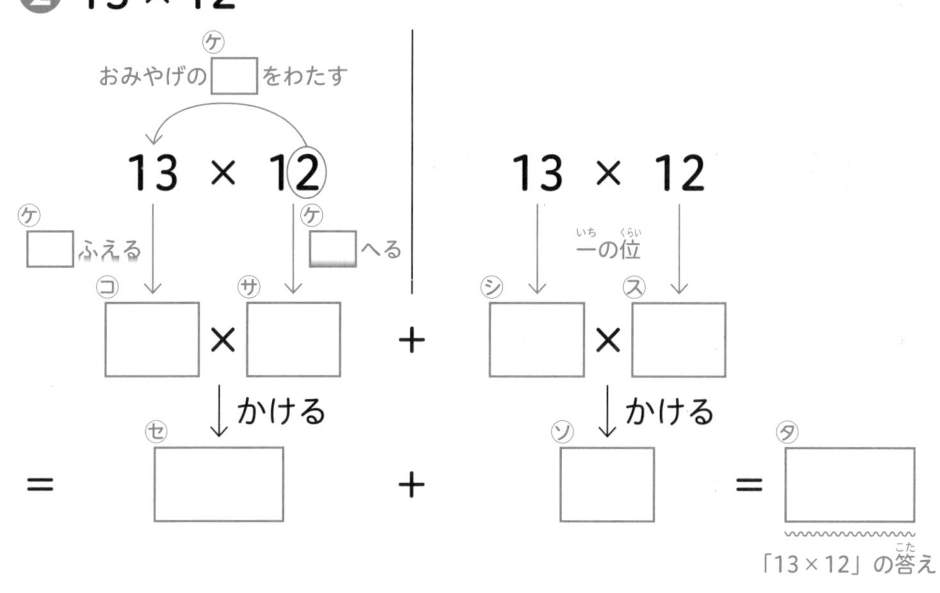

4 18ページと同じように、□にあてはまる数を入れよう！　少しずつ言葉の説明をへらしていくよ。同じ記号には、同じ数が入るからね。

▶答えは105ページ

❶ 12 × 19 =

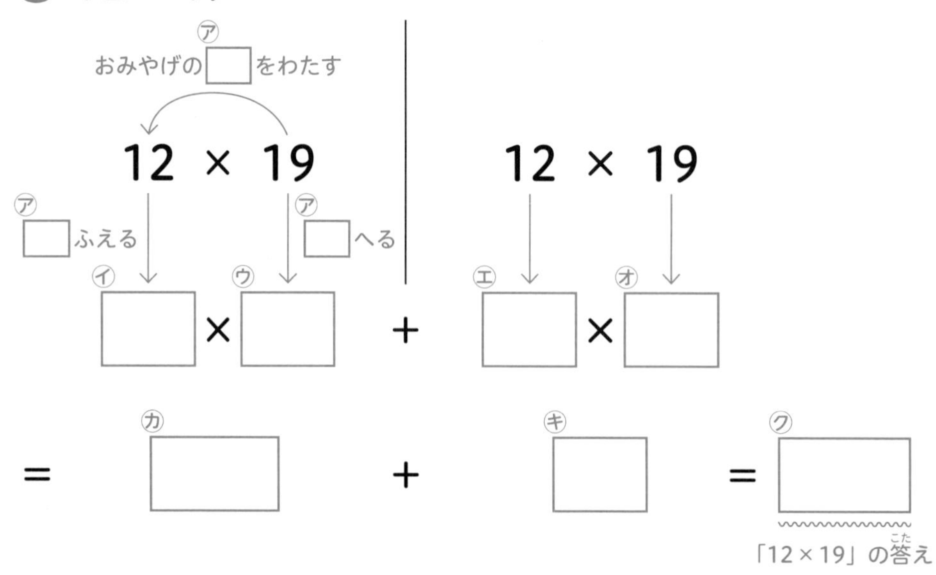

= カ □ + キ □ = ク □

「12 × 19」の答え

---

❷ 11 × 16 =

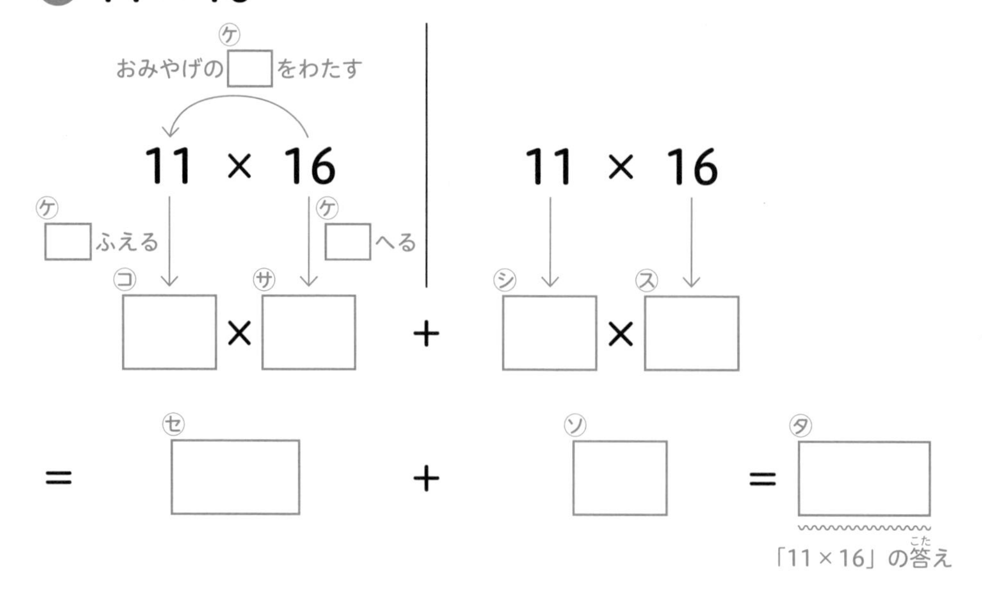

18ページと同じように、○と□にあてはまる数を入れよう！　同じ記号には、同じ数が入るよ。

▶答えは106ページ

❶ 17×13＝

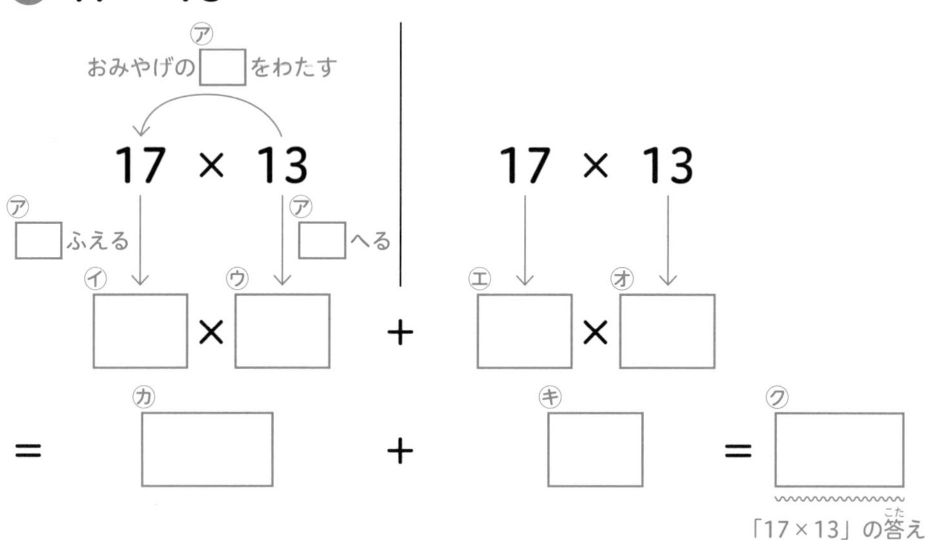

❷ 15×14＝

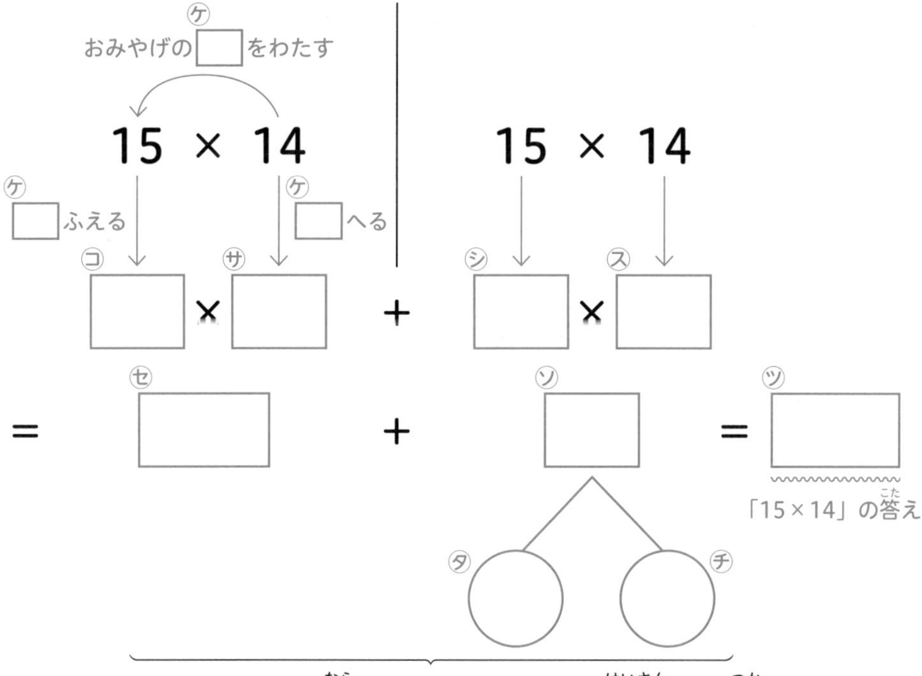

18ページと同じように、○と□にあてはまる数を入れよう！　同じ記号には、同じ数が入るよ。

▶答えは106ページ

❶ 19×16＝

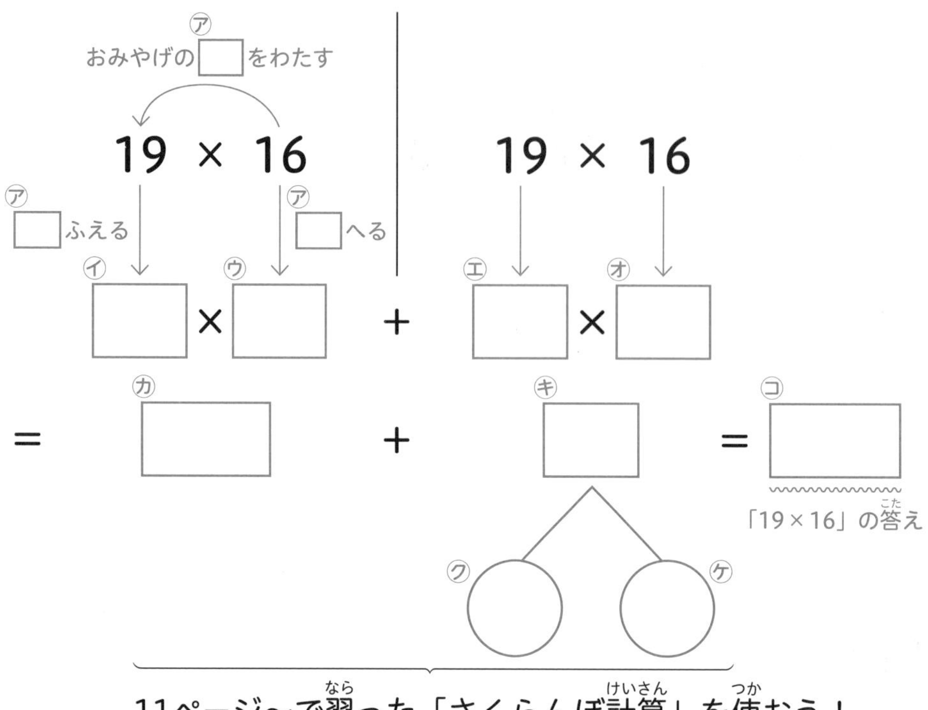

11ページ〜で習った「さくらんぼ計算」を使おう！

❷ 11×12＝

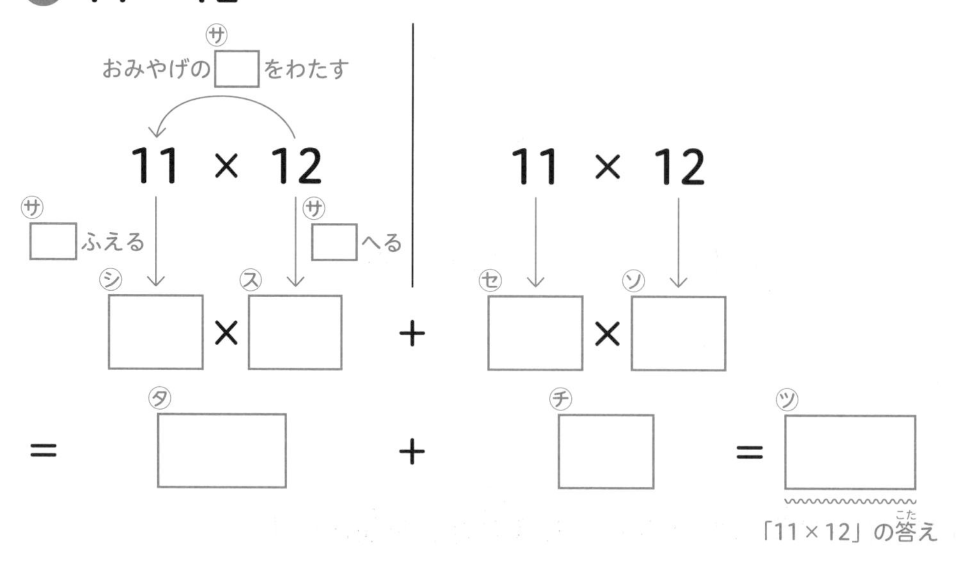

18ページと同じように、○と□にあてはまる数を入れよう！　少しずつ言葉の説明をへらしていくよ。同じ記号には、同じ数が入るからね。

▶答えは106ページ

❶ 14×17＝

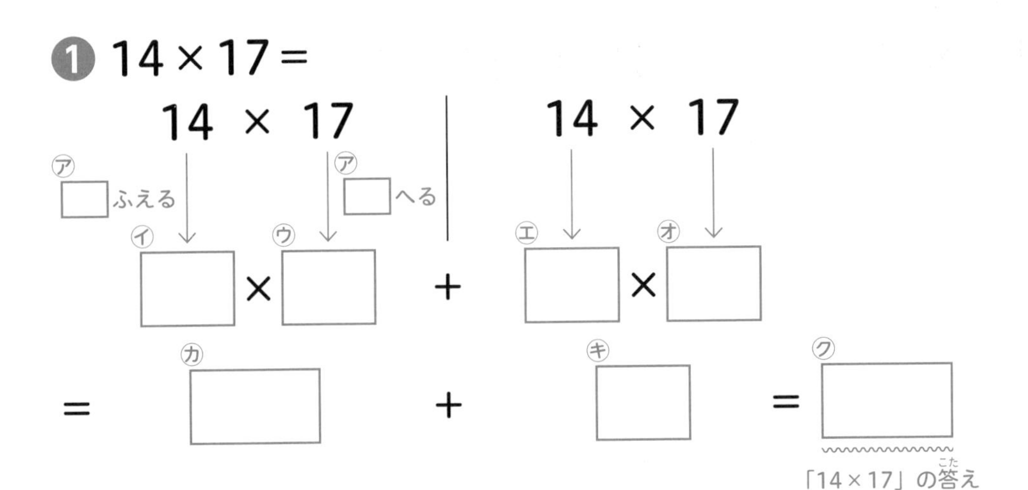

❷ 19×19＝

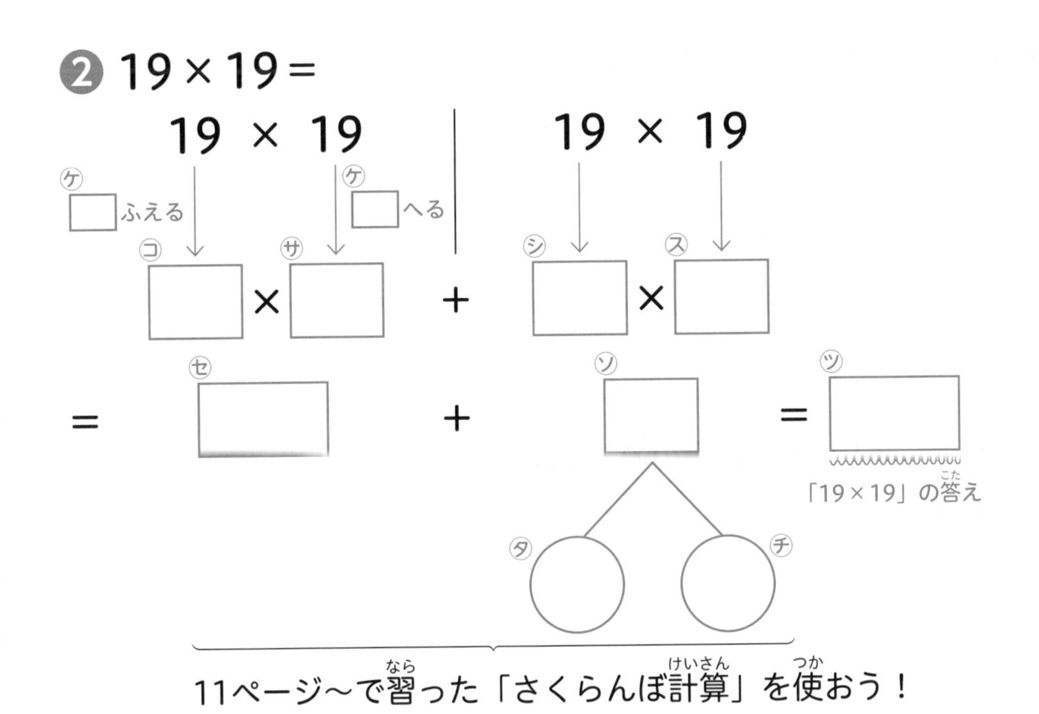

18ページと同じように、□にあてはまる数を入れよう！　少しずつ問題をかえていくよ。

▶答えは106ページ

❶ 15×11＝

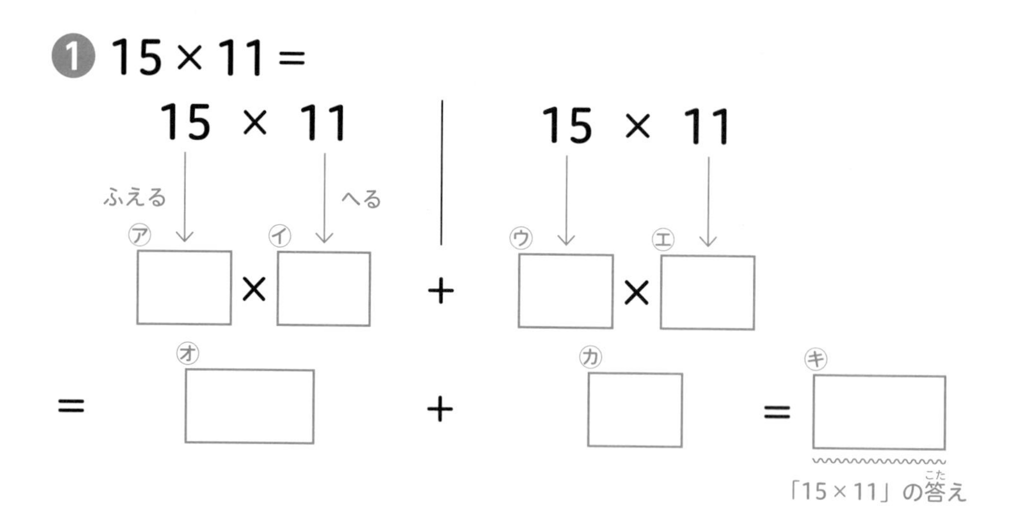

❷ 18×17＝

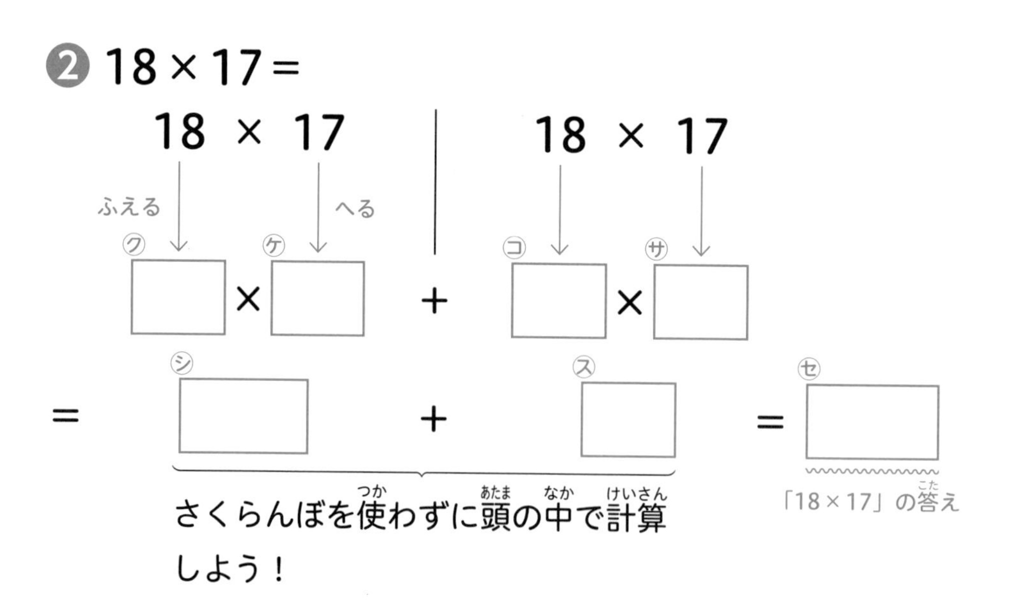

ヒントがへってきたけど、あせらず解いていこう♪

18ページと同じように、□にあてはまる数を入れよう！　少しずつ言葉の説明をへらしていくよ。

▶答えは106ページ

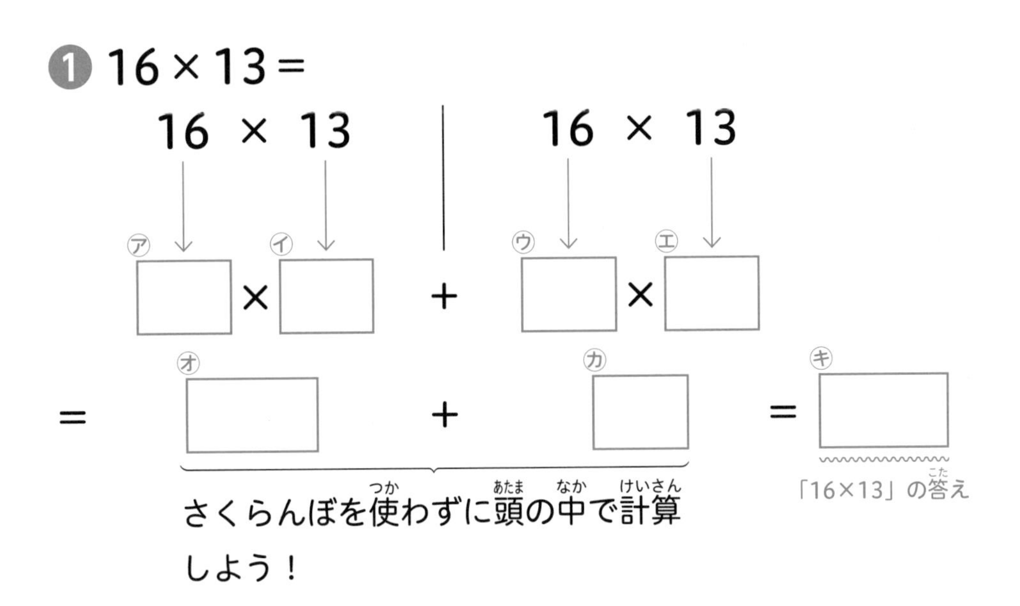

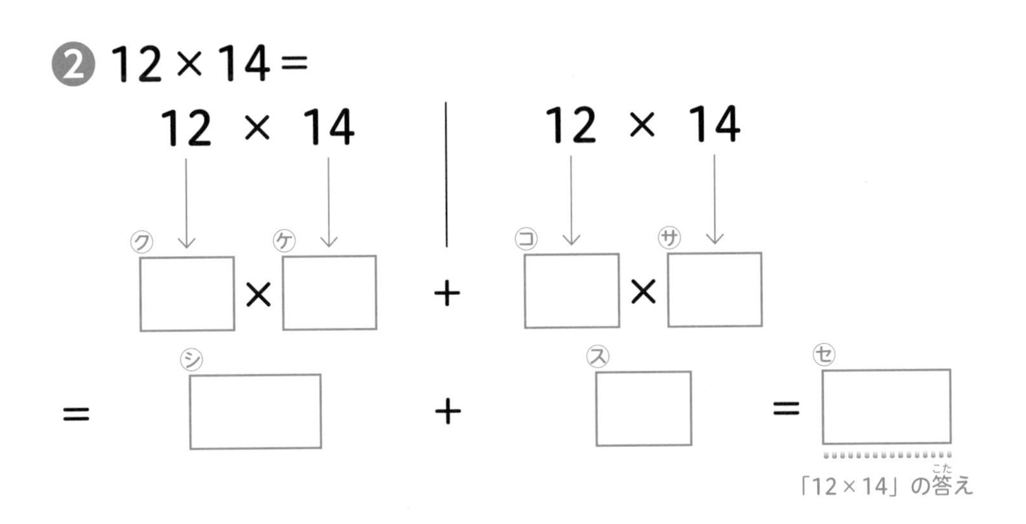

ヒントが少ないのに解けたらすごい♪

ステップ２

おみやげ算になれていこう！

次の計算は、ステップ１の⑨のように、言葉の説明を少なくしたものだよ。
㋐～㋖に入る数を答えよう。

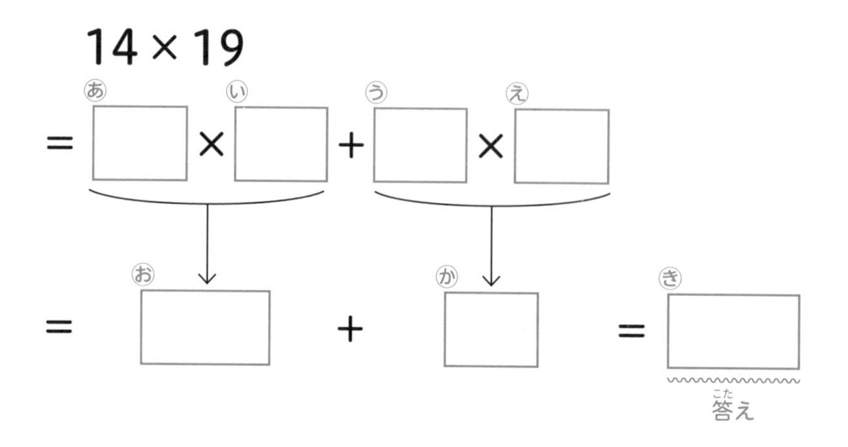

「14 × 19」は、19が14に「おみやげの9」をわたすんだね。
だから、㋐には（14 + 9 =）23、㋑には（19 − 9 =）10が入る。また、㋒と㋓にはそれぞれの一の位が入るから、㋒は4、㋓は9だよ。

㋔は（23 × 10 =）230、㋕は（4 × 9 =）36だ。

そして、㋖には、230（㋔）と36（㋕）をたした、266が入る。この266が「14 × 19の答え」だよ。

答え

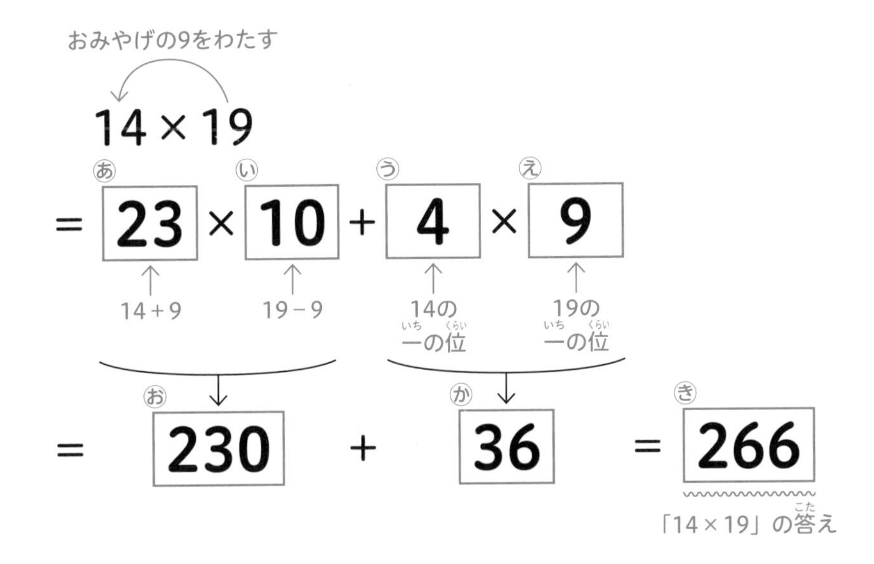

では、次のページから、同じように問題を解いていこう！

おみやげ算に少しずつ
なれてきたんじゃないかな♪

1 29ページと同じように、□にあてはまる数を入れよう！

▶答えは107ページ

（例） 17 × 18

= 25 × 10 + 7 × 8

= 250 + 56 = 306

---

❶ 16 × 12

= □ × □ + □ × □

= □ + □ = □

❷ 15 × 15

= □ × □ + □ × □

= □ + □ = □

❸ 18 × 13

= □ × □ + □ × □

= □ + □ = □

❹ 19 × 11

= □ × □ + □ × □

= □ + □ = □

❺ 14 × 15

= □ × □ + □ × □

= □ + □ = □

❻ 17 × 15

= □ × □ + □ × □

= □ + □ = □

❼ 12 × 17

= □ × □ + □ × □

= □ + □ = □

❽ 13 × 16

= □ × □ + □ × □

= □ + □ = □

29ページと同(おな)じように、□にあてはまる数(かず)を入(い)れよう！

▶答(こた)えは107ページ

❶ 11 × 11

= □ × □ + □ × □

= □ + □ = □

❷ 19 × 18

= □ × □ + □ × □

= □ + □ = □

❸ 13 × 15

= □ × □ + □ × □

= □ + □ = □

❹ 17 × 16

= □ × □ + □ × □

= □ + □ = □

❺ 12 × 19

= □ × □ + □ × □

= □ + □ = □

❻ 16 × 14

= □ × □ + □ × □

= □ + □ = □

❼ 11 × 17

= □ × □ + □ × □

= □ + □ = □

❽ 14 × 12

= □ × □ + □ × □

= □ + □ = □

❾ 18 × 18

= □ × □ + □ × □

= □ + □ = □

❿ 16 × 19

= □ × □ + □ × □

= □ + □ = □

29ページと同じように、□にあてはまる数を入れよう！

▶答えは108ページ

❶ 15 × 14

= □ × □ + □ × □

= □ + □ = □

❷ 19 × 15

= □ × □ + □ × □

= □ + □ = □

❸ 17 × 13

= □ × □ + □ × □

= □ + □ = □

❹ 12 × 12

= □ × □ + □ × □

= □ + □ = □

❺ 18 × 17

= □ × □ + □ × □

= □ + □ = □

❻ 16 × 11

= □ × □ + □ × □

= □ + □ = □

❼ 13 × 19

= □ × □ + □ × □

= □ + □ = □

❽ 17 × 19

= □ × □ + □ × □

= □ + □ = □

❾ 14 × 18

= □ × □ + □ × □

= □ + □ = □

❿ 16 × 16

= □ × □ + □ × □

= □ + □ = □

ステップ 3

□の数をへらして計算しよう！

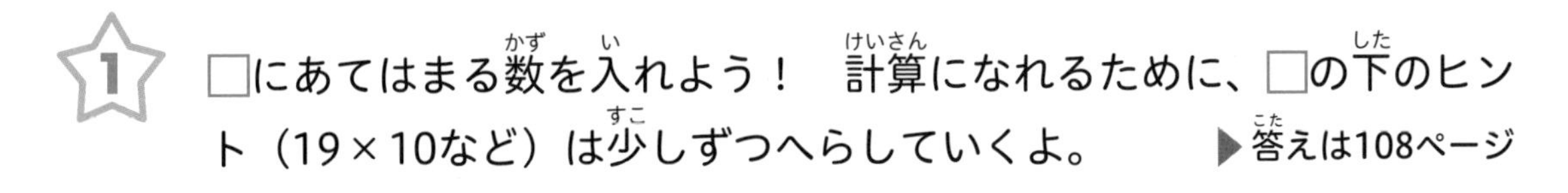

1 □にあてはまる数を入れよう！　計算になれるために、□の下のヒント（19×10など）は少しずつへらしていくよ。 ▶答えは108ページ

（例） 17 × 12 = 190 + 14 = 204
ヒント→ 19 × 10　7 × 2　答え

---

❶ 14 × 16 = ㋐□ + ㋑□ = ㋒□
（20 × 10）（4 × 6）

❷ 18 × 15 = ㋓□ + ㋔□ = ㋕□
（23 × 10）（8 × 5）

❸ 11 × 13 = ㋖□ + ㋗□ = ㋘□
（14 × 10）（1 × 3）

❹ 16 × 18 = ㋙□ + ㋚□ = ㋛□
（24 × 10）

❺ 14 × 15 = ㋜□ + ㋝□ = ㋞□
（4 × 5）

❻ 16 × 12 = ㋟□ + ㋠□ = ㋡□
（18 × 10）

❼ 18 × 19 = ㋢□ + ㋣□ = ㋤□
（8 × 9）

❽ 17 × 17 = ㋥□ + ㋦□ = ㋧□

☆2 33ページと同じように、□にあてはまる数を入れよう！

▶答えは109ページ

❶ 19 × 11 = ㋐□ + ㋑□ = ㋒□

❷ 15 × 16 = ㋓□ + ㋔□ = ㋕□

❸ 13 × 18 = ㋖□ + ㋗□ = ㋘□

❹ 12 × 15 = ㋙□ + ㋚□ = ㋛□

❺ 11 × 14 = ㋜□ + ㋝□ = ㋞□

❻ 19 × 19 = ㋟□ + ㋠□ = ㋡□

❼ 18 × 16 = ㋢□ + ㋣□ = ㋤□

❽ 16 × 13 = ㋥□ + ㋦□ = ㋧□

❾ 17 × 14 = ㋨□ + ㋩□ = ㋪□

❿ 12 × 13 = ㋫□ + ㋬□ = ㋭□

33ページと同じように、□にあてはまる数を入れよう！

▶答えは109ページ

❶ 14 × 14 = ㋐□ + ㋑□ = ㋒□

❷ 16 × 19 = ㋓□ + ㋔□ = ㋕□

❸ 17 × 11 = ㋖□ + ㋗□ = ㋘□

❹ 12 × 18 = ㋙□ + ㋚□ = ㋛□

❺ 13 × 11 = ㋜□ + ㋝□ = ㋞□

❻ 16 × 15 = ㋟□ + ㋠□ = ㋡□

❼ 13 × 13 = ㋢□ + ㋣□ = ㋤□

❽ 19 × 17 = ㋥□ + ㋦□ = ㋧□

❾ 15 × 14 = ㋨□ + ㋩□ = ㋪□

❿ 12 × 16 = ㋫□ + ㋬□ = ㋭□

ステップ 4

おみやげ算をしあげよう！

点数とかかった時間			
1回目	点	分	秒
2回目	点	分	秒
3回目	点	分	秒

第1章の最後のステップだよ。自分の力で、おみやげ算を使って解いてみよう！　頭の中で計算できそうなら、いきなり答えを出してほしい。それがむずかしそうなら、途中の式を書きながら計算してもいいよ。

次の計算をしよう！（1問10点、計100点）（合格点90点）

▶答えは109ページ

❶ 18 × 14 =

❷ 15 × 17 =

❸ 13 × 16 =

❹ 19 × 12 =

❺ 11 × 18 =

❻ 14 × 13 =

❼ 19 × 16 =

❽ 12 × 14 =

❾ 18 × 19 =

❿ 16 × 17 =

次の計算をしよう！

（1問10点、計100点）（合格点90点）

▶答えは109ページ

点数とかかった時間

1回目	点	分	秒
2回目	点	分	秒
3回目	点	分	秒

❶ $19 \times 11 =$

❷ $16 \times 19 =$

❸ $17 \times 12 =$

❹ $15 \times 15 =$

❺ $13 \times 14 =$

❻ $18 \times 17 =$

❼ $12 \times 15 =$

❽ $19 \times 14 =$

❾ $11 \times 16 =$

❿ $14 \times 17 =$

次の計算をしよう！

（1問10点、計100点）（合格点90点）

▶答えは110ページ

点数とかかった時間			
1回目	点	分	秒
2回目	点	分	秒
3回目	点	分	秒

❶ $19 \times 13 =$

❷ $15 \times 11 =$

❸ $16 \times 18 =$

❹ $17 \times 19 =$

❺ $14 \times 12 =$

❻ $16 \times 13 =$

❼ $17 \times 18 =$

❽ $11 \times 14 =$

❾ $19 \times 19 =$

❿ $18 \times 12 =$

親が子どもに教えるコラム

おみやげ算で「23×21」、「45×45」、「72×78」なども暗算できる！

「おみやげ算では、『21以上×21以上』の計算はできないの？」という質問をいただくことがあります。

例えば、「23×21」、「45×45」、「72×78」などの、「十の位が同じ2ケタどうしのかけ算」なら、おみやげ算で計算でき、慣れると暗算できるものもあります。さっそく解いていきましょう。

(例1) **23×21＝**

❶23×21の右の「21の一の位の1」をおみやげとして、左の23に渡します。
すると、23×21が、(23＋1)×(21－1)＝24×20(＝480) になります。

❷その480に、「23の一の位の3」と「おみやげの1」をかけた3をたした483が答えです。
まとめると、23×21＝(23＋1)×(21－1)＋3×1＝480＋3＝483です。

(例2) **45×45＝**

❶45×45の右の「45の一の位の5」をおみやげとして、左の45に渡します。
すると、45×45が、(45＋5)×(45－5)＝50×40(＝2000) になります。

❷その2000に、「45の一の位の5」と「おみやげの5」をかけた25をたした2025が答えです。
まとめると、45×45＝(45＋5)×(45－5)＋5×5＝2000＋25＝2025です。

(例3) $72 \times 78 =$

❶72×78の右の「78の一の位の8」をおみやげとして、左の72に渡します。すると、72×78が、(72＋8)×(78－8)＝80×70（＝5600）になります。

❷その5600に、「72の一の位の2」と「おみやげの8」をかけた16をたした5616が答えです。
まとめると、72×78＝(72＋8)×(78－8)＋2×8＝5600＋16＝5616です。

このように、おみやげ算で「十の位が同じ2ケタどうしのかけ算」の計算ができるのですが、注意点があります。例えば、次の計算をみてください。

(例4) $89 \times 87 =$

❶89×87の右の「87の一の位の7」をおみやげとして、左の89に渡します。すると、89×87が、(89＋7)×(87－7)＝96×80（＝7680）になります。

❷その7680に、「89の一の位の9」と「おみやげの7」をかけた63をたした7743が答えです。
まとめると、89×87＝(89＋7)×(87－7)＋9×7＝7680＋63＝7743です。

（例4）では、途中で「96×80（網かけをつけた部分)」の計算が必要になります。「96×80」は、分配法則という計算のきまりを使えば暗算できますが、少しややこしい計算になることは確かです。そのため、（例4）のような計算は、筆算のほうが確実にできるケースも多いと思います。

「十の位が同じ2ケタどうしのかけ算」で暗算しやすいのは、主に次の2パターンです。

❶十の位が2の、2ケタどうしのかけ算（少しややこしい計算になる場合もあります。）
❷十の位が同じで、一の位をたすと10になる、2ケタどうしのかけ算

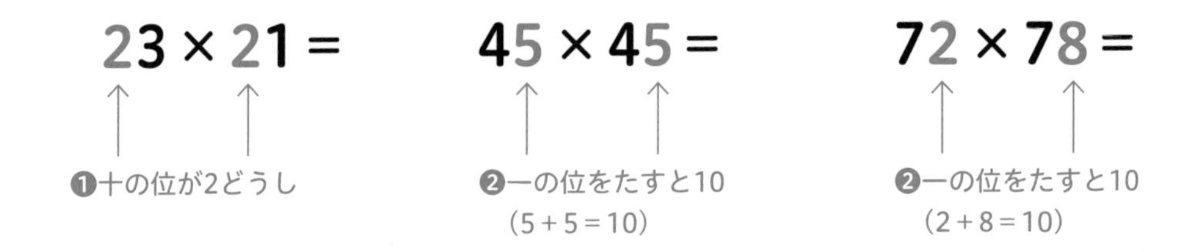

この2パターン以外は、暗算するために、ある程度の練習が必要である場合がほとんどです。

おみやげ算で「十の位が同じ2ケタどうしのかけ算」も計算できることについてお話ししてきました。上記のような注意点があるため、無理に教えようとすると、お子さんがこんがらがってしまう場合もあるかもしれません。

そのため、「19×19まではおみやげ算、21以上×21以上は筆算で解こう」と、お子さんに提案するのもひとつでしょう。

もしくは、「(暗算しやすい）上記の❶と❷のパターンだけ、おみやげ算を使おう」と伝えるのもよいと思います。お子さんの理解度や状況に合わせて、無理のないところから教えることをおすすめします。

※おみやげ算で、「十の位が同じ2ケタどうしのかけ算」ができる理由（親御さん向け）については、104ページをご参照ください。

第2章 たし算と引き算、割り算の暗算をしよう！

一歩ずつ、計算の達人をめざしていこう！

おみやげ算の練習も終わったし、ここからが本番だ！

この第２章をやりきることで、次の計算が身につくよ！

この章で、君がマスターできること

- ３ケタまでの数＋１ケタ、３ケタまでの数－１ケタの暗算（43ページ～64ページ）
- かんたんな割り算の計算（65ページ～73ページ）

「そんな計算できないよ！」「割り算はまだ習ってない！」
こんな声が聞こえてきそうだね。でも、大丈夫！

この章では、「39＋6＝」のような、かんたんなたし算の練習からはじめるよ。そして、階段を一段ずつのぼるように、楽しみながら、少しずつ進み、いろんな計算ができるようになるんだ。割り算も、イチからわかりやすく教えるから大丈夫！

この章で、たし算、引き算、割り算のしかたを習うのはなぜ？

この章で習うことは、74ページ～で学ぶ、「＋－×÷がまじった計算」をできるようになるための準備だともいえるよ（かけ算は、第１章で習いずみだね）。

さあ、計算の達人をめざして、一歩ずつ進んでいこう！

ステップ 1

「3ケタまでの数+1ケタ」と、「3ケタまでの数−1ケタ」を暗算しよう！

「2ケタ＋1ケタ」はおみやげ算でも出てきたけど、「3ケタ＋1ケタ」、「2ケタ−1ケタ」、「3ケタ−1ケタ」の暗算は、まだ教えていないから練習していこう。これらの計算を暗算できることで、君の計算力は、グンと上がるはずだ！

（※親御さんへ … おみやげ算で使う2ケタ＋1ケタは、「19以下の2ケタ＋1ケタ」です。そのため、このステップ1では、「20以上の2ケタ＋1ケタ」の暗算の練習からスタートします。）

★2ケタ＋1ケタの暗算

まず、2ケタ＋1ケタを計算する方法を学んでいくよ。例えば、「39＋6」のような、くり上がりのあるたし算は、次のように、さくらんぼを使って計算できるんだ。なれれば暗算もできるよ。

「39＋6」の解き方

①まず、「39に何をたせば40になるか」を考えよう。そう、1だね。

39＋6＝

何をたせば40になる？ ⇒1だ！

②ここで、①の1を使うよ。6を、1と5に分けるんだ。
6の下にさくらんぼをかき、1と5に分けて書こう。

39＋6＝

1　5 ←6−1

③39と1をたして40。40と、右のさくらんぼの5をたして、
「39＋6」の答えは45だ。

$$39+6=\boxed{45}$$

6 → ① ⑤

$$\underbrace{39+1}_{40}+5=45$$

同じやり方で、「97＋8」を計算してみよう。

「97＋8」の解き方

①まず、「97に何をたせば100になるか」を考えよう。そう、3だね。

97＋8＝

何をたせば100になる？ ⇒3だ！

②ここで、①の3を使うよ。8を、3と5に分けるんだ。
8の下にさくらんぼをかき、3と5に分けて書こう。

97＋8＝

8 → ③ ⑤ ←8－3

③97と3をたして100。100と、右のさくらんぼの5をたして、
「97＋8」の答えは105だ。

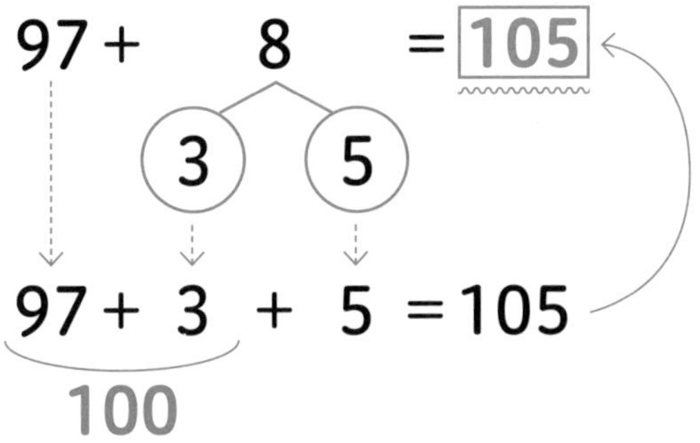

$$97 + 8 = \boxed{105}$$

8 → ③ ⑤

$$97 + 3 + 5 = 105$$

(97 + 3 = 100)

まとめると、「97＋8＝105」ということだね。
たす前は2ケタ（97）だったけど、たした後に3ケタ（105）になっているんだ。

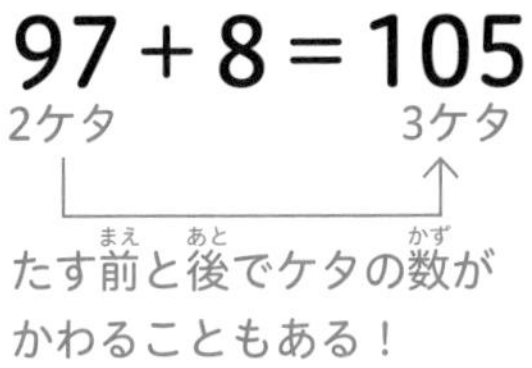

$$97 + 8 = 105$$

2ケタ　3ケタ

たす前と後でケタの数がかわることもある！

このように、たす前とたした後で、ケタの数がかわることもあるから、気をつけよう。

★3ケタ＋1ケタの暗算

ここから、「3ケタ＋1ケタ」を計算する方法を学んでいくよ。例えば、「237＋9」のような、くり上がりのあるたし算も、さくらんぼを使って計算できる。

次のページのように、2ケタ＋1ケタと、ほとんど同じ解き方だ。なれれば暗算もできるようになるよ。

「237＋9」の解き方

①まず、「237に何をたせば240になるか」を考えよう。そう、3だね。

237＋9＝

何をたせば240になる？ ⇒ 3だ！

②ここで、①の3を使うよ。9を、3と6に分けるんだ。
9の下にさくらんぼをかき、3と6に分けて書こう。

237＋9＝
3　6 ←9－3

③237と3をたして240。240と、右のさくらんぼの6をたして、
「237＋9」の答えは246だ。

237＋　9　＝ 246
3　6
237＋3＋6＝246
(237＋3 → 240)

同じやり方で、「698＋5」を計算してみよう。

「698＋5」の解き方

①まず、「698に何をたせば700になるか」を考えよう。そう、2だね。

698＋5＝

何をたせば700になる？ ⇒ 2だ！

②ここで、①の2を使うよ。5を、2と3に分けるんだ。
5の下にさくらんぼをかき、2と3に分けて書こう。

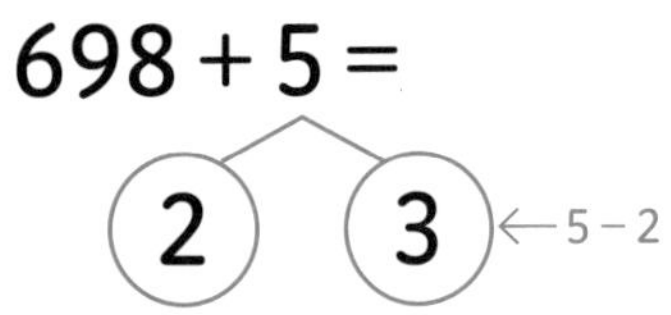

698＋5＝
(2) (3) ←5－2

③698と2をたして700。700と、右のさくらんぼの3をたして、
「698＋5」の答えは703だ。

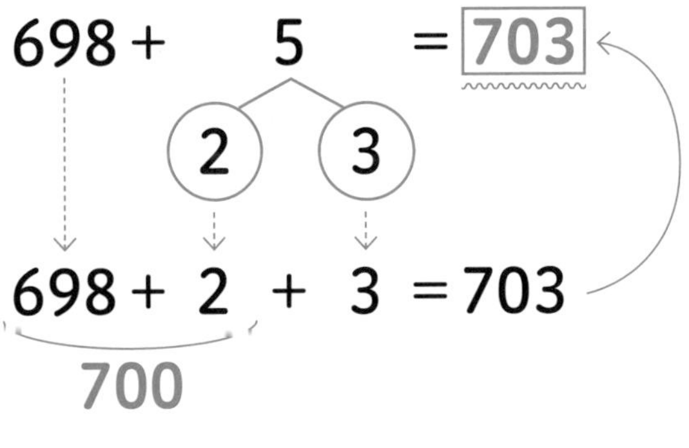

698＋ 5 ＝ 703
(2) (3)
698＋ 2 ＋ 3 ＝703
700

まとめると、「698＋5＝703」ということだね。
ところで、十の位と一の位という言葉は、16ページで習ったね。ここで、「百の位」という言葉をおさえよう。698の百の位は6で、703の百の位は7だよ。
たす前とたした後で、百の位が6から7になっているんだね。

百の位の数字がかわることもある！

698＋5＝703

百の位　十の位　一の位　　　百の位

このように、たす前とたした後で、百の位の数字がかわることもあるから、気をつけよう。
では、「2ケタ＋1ケタ」と「3ケタ＋1ケタ」について、次のページから、同じように問題を解いていこう！

これからは「2ケタ＋1ケタ」も
「3ケタ＋1ケタ」も暗算できるようになるよ♪

1ケタの数をたす練習

1 43ページ〜と同じように、○と□にあてはまる数を入れよう！
❶、❷、❺、❻はヒントをもとに考えてみてね。 ▶答えは110ページ

❶ 28 ＋ 5 ＝ ㋒□

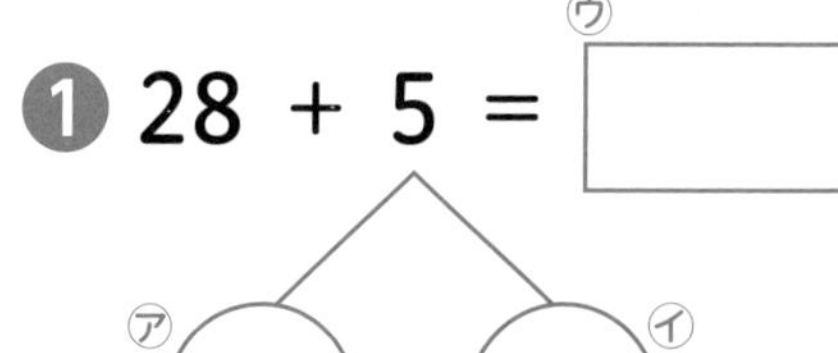

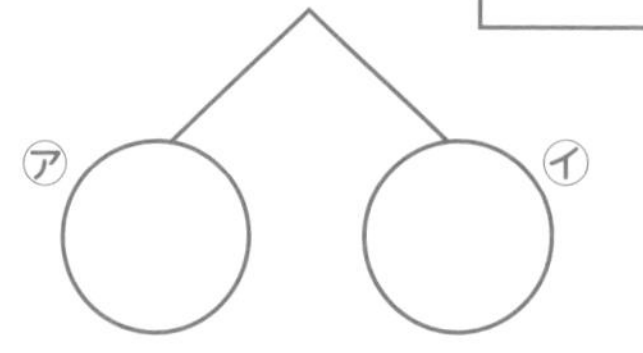

ヒント
28に何をたせば
30になる？

❷ 73 ＋ 8 ＝ ㋕□

㋓○ ㋔○

ヒント
73に何をたせば
80になる？

❸ 89 ＋ 2 ＝ ㋘□

㋖○ ㋗○

❹ 95 ＋ 9 ＝ ㋛□

❺ 125 ＋ 6 ＝ ㋞□

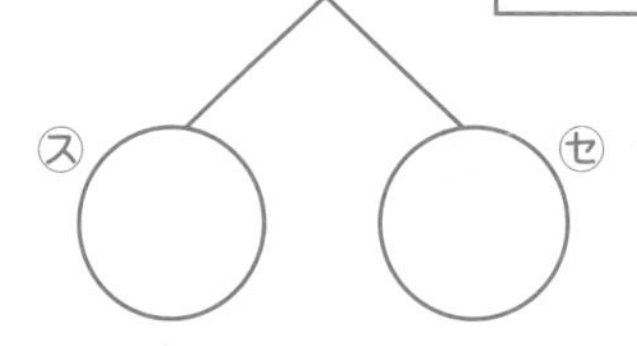

ヒント
125に何をたせば
130になる？

❻ 597 ＋ 5 ＝ ㋡□

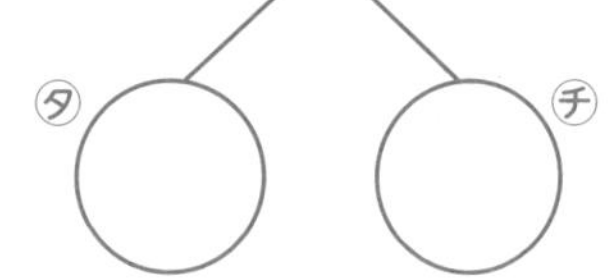

ヒント
597に何をたせば
600になる？

❼ 658 ＋ 7 ＝ ㋤□

㋢○ ㋣○

❽ 799 ＋ 6 ＝ ㋧□

㋥○ ㋦○

（※親御さんへ … 1と2について、お子さんが「２ケタ＋１ケタ、３ケタ＋１ケタの暗算」をすでにできる場合、さくらんぼの中に数は書かかなくても、答えだけ書けば問題ありません。）

43ページ～と同じように、○と□にあてはまる数を入れよう！

▶答えは111ページ

❶ 38 ＋ 9 ＝ ㋒□

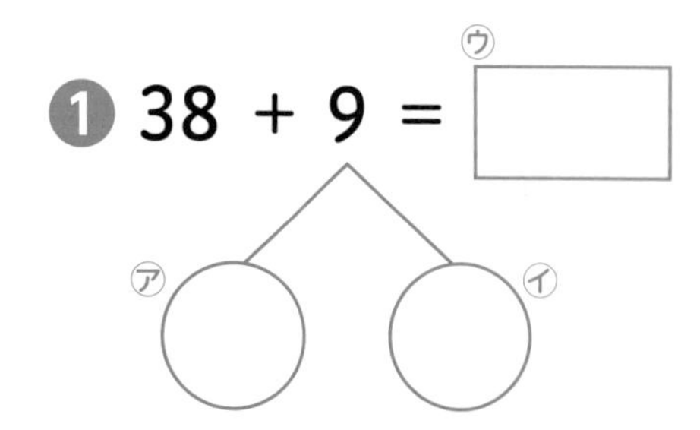

❷ 56 ＋ 6 ＝ ㋕□

㋓○ ㋔○

❸ 29 ＋ 4 ＝ ㋘□

㋖○ ㋗○

❹ 97 ＋ 9 ＝ ㋛□

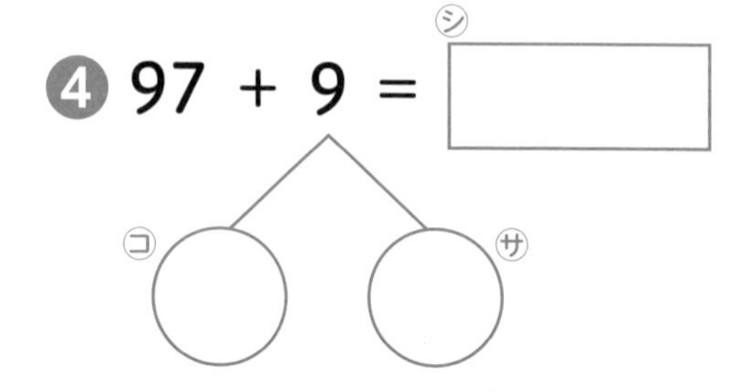

❺ 77 ＋ 6 ＝ ㋞□

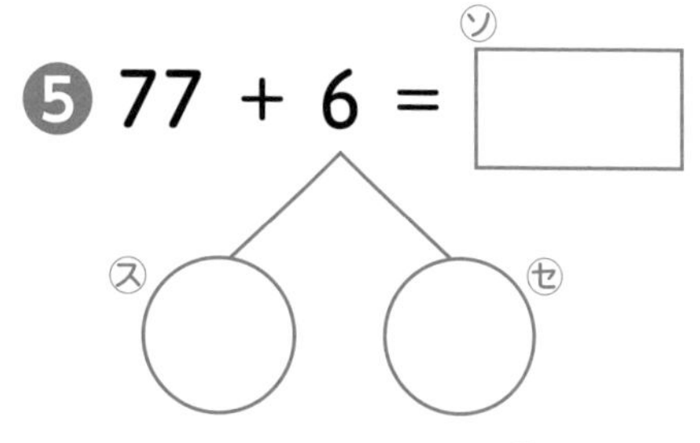

❻ 207 ＋ 7 ＝ ㋡□

㋟○ ㋠○

❼ 325 ＋ 8 ＝ ㋤□

㋢○ ㋣○

❽ 159 ＋ 3 ＝ ㋧□

㋥○ ㋦○

❾ 797 ＋ 8 ＝ ㋪□

㋨○ ㋩○

❿ 806 ＋ 5 ＝ ㋭□

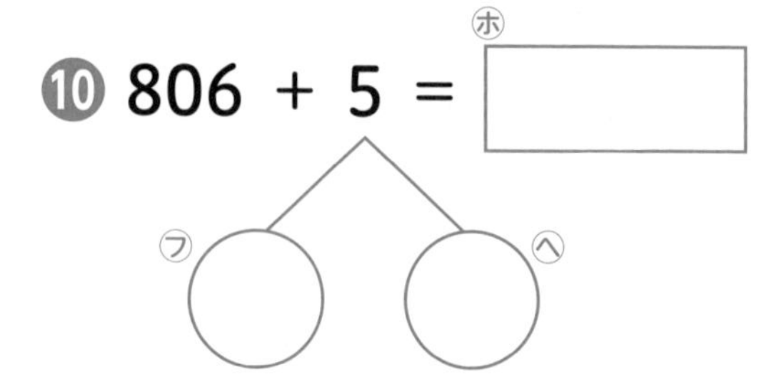

さくらんぼを頭の中で考えて、計算してみよう（むずかしそうなら、さくらんぼを図にかきこんで計算してもいいよ）！ ▶答えは111ページ

❶ 86＋8＝

❷ 75＋7＝

❸ 99＋9＝

❹ 59＋5＝

❺ 34＋8＝

❻ 878＋6＝

❼ 555＋9＝

❽ 294＋7＝

❾ 798＋4＝

❿ 157＋8＝

さくらんぼを頭の中で考えて、計算してみよう（むずかしそうなら、さくらんぼを図にかきこんで計算してもいいよ）！ ▶答えは111ページ

❶ $58 + 8 =$

❷ $473 + 9 =$

❸ $199 + 8 =$

❹ $96 + 7 =$

❺ $87 + 4 =$

❻ $639 + 6 =$

❼ $48 + 5 =$

❽ $259 + 7 =$

❾ $928 + 3 =$

❿ $92 + 9 =$

★2ケタ－1ケタの暗算

これから、2ケタ－1ケタを計算する方法を学んでいくよ。例えば、「17－8」のような、くり下がりのある引き算は、次のように、さくらんぼを使って計算できるんだ。なれれば暗算もできるよ。

「17－8」の解き方

①まず、「17から何を引けば10になるか」を考えよう。そう、7だね。

17－8＝

何を引けば10になる？ ⇒7だ！

②ここで、①の7を使うよ。8を、7と1に分けるんだ。
8の下にさくらんぼをかき、7と1に分けて書こう。

17－8＝

←8－7

③17から7を引いて10。10から、右のさくらんぼの1を引いて、
「17－8」の答えは9だ。

17－ 8 ＝ 9

7　1

17－7－1＝9

10

同じやり方で、「82−9」を計算してみよう。

「82−9」の解き方

①まず、「82から何を引けば80になるか」を考えよう。そう、2だね。

82−9＝

何を引けば80になる？ ⇒2だ！

②ここで、①の2を使うよ。9を、2と7に分けるんだ。
9の下にさくらんぼをかき、2と7に分けて書こう。

82−9＝

③82から2を引いて80。80から、右のさくらんぼの7を引いて、
「82−9」の答えは73だ。

82−　9　＝73

2　7

82−2−7＝73

80

★3ケタ−1ケタの暗算

ここから、「3ケタ−1ケタ」を計算する方法を学んでいくよ。例えば、「315−7」のような、くり下がりのある引き算は、さくらんぼを使って計算できる。

次のように、2ケタ−1ケタと、ほとんど同じ解き方だ。なれれば暗算もできるよ。

「315−7」の解き方

①まず、「315から何を引けば310になるか」を考えよう。そう、5だね。

315−7＝

何を引けば310になる？ ⇒5だ！

②ここで、①の5を使うよ。7を、5と2に分けるんだ。
7の下にさくらんぼをかき、5と2に分けて書こう。

315−7＝
(5) (2) ←7−5

③315から5を引いて310。310から、右のさくらんぼの2を引いて、「315−7」の答えは308だ。

315− 7 ＝308
(5) (2)
315− 5 − 2 ＝308
310

同じやり方で、「102−6」を計算してみよう。

「102－6」の解き方

①まず、「102から何を引けば100になるか」を考えよう。そう、2だね。

102－6＝

何を引けば100になる？ ⇒2だ！

②ここで、①の2を使うよ。6を、2と4に分けるんだ。
6の下にさくらんぼをかき、2と4に分けて書こう。

102－6＝

2　4 ←6－2

③102から2を引いて100。100から、右のさくらんぼの4を引いて、「102－6」の答えは96だ。

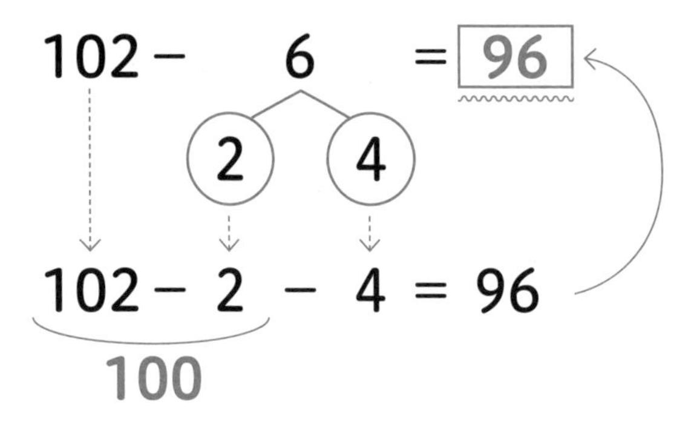

まとめると、「102－6＝96」ということだね。
引く前は3ケタ（102）だったけど、引いた後に2ケタ（96）になっているんだ。

102－6＝96
3ケタ　2ケタ
引く前と後でケタの数がかわることもある！

このように、引く前と引いた後で、ケタの数がかわることもあるから、気をつけよう。

同じやり方で、「603－8」を計算してみよう。

「603－8」の解き方

①まず、「603から何を引けば600になるか」を考えよう。そう、3だね。

603－8＝

何を引けば600になる？ ⇒3だ！

②ここで、①の3を使うよ。8を、3と5に分けるんだ。
8の下にさくらんぼをかき、3と5に分けて書こう。

603－8＝
（3）（5）←8－3

③603から3を引いて600。600から、右のさくらんぼの5を引いて、「603－8」の答えは595だ。

603－ 8 ＝595
（3）（5）
603－3－5＝595
600

まとめると、「603－8＝595」ということだね。
引く前と引いた後で、百の位が6から5になっているんだ。

百の位の数字がかわることもある！

603－8＝595

（6…百の位、5…百の位）

このように、引く前と引いた後で、百の位の数字がかわることもあるから、気をつけよう。

では、「2ケタ－1ケタ」と「3ケタ－1ケタ」について、次のページから、同じように問題を解いていこう！

3ケタの数から1ケタの数を引くだけで、百の位の数字がかわることがあるんだね♪

1ケタの数を引く練習

53ページ〜と同じように、○と□にあてはまる数を入れよう！
❶、❷、❺、❻はヒントをもとに考えてみてね。 ▶答えは111ページ

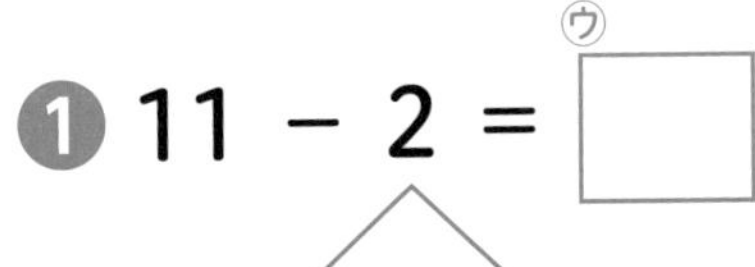

❶ 11 − 2 = ウ□

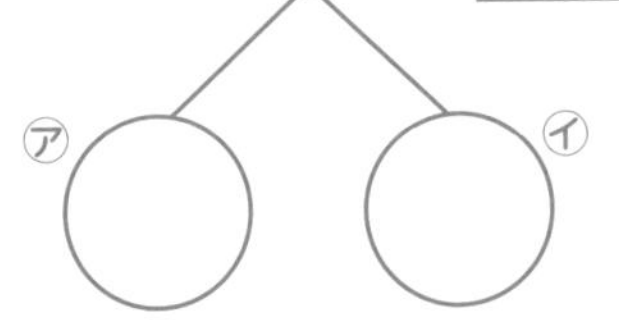

ア○ イ○

ヒント
11から何を引けば
10になる？

❷ 62 − 5 = カ□

エ○ オ○

ヒント
62から何を引けば
60になる？

❸ 96 − 8 = ケ□

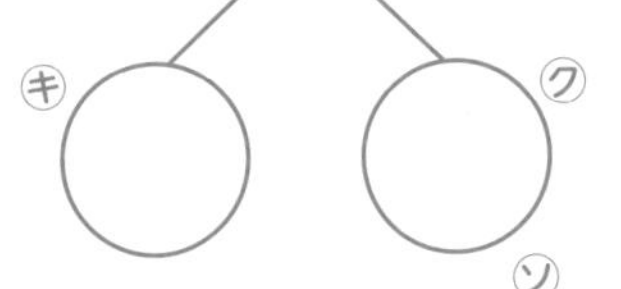

キ○ ク○

❹ 54 − 9 = シ□

コ○ サ○

❺ 324 − 6 = ソ□

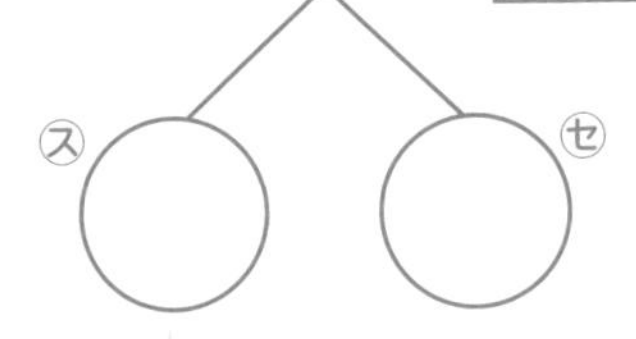

ス○ セ○

ヒント
324から何を引けば
320になる？

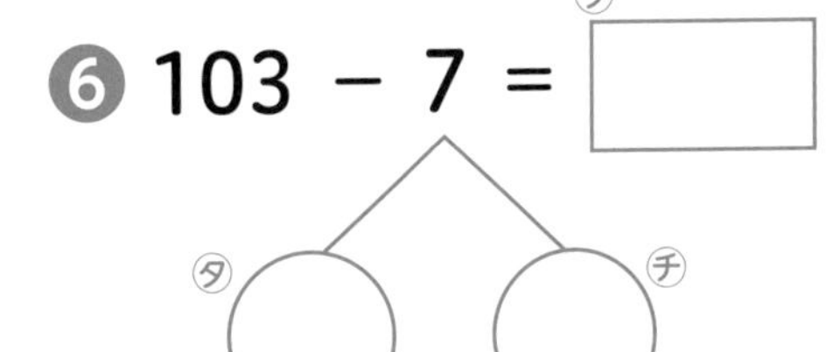

❻ 103 − 7 = ツ□

タ○ チ○

ヒント
103から何を引けば
100になる？

❼ 705 − 8 = ナ□

テ○ ト○

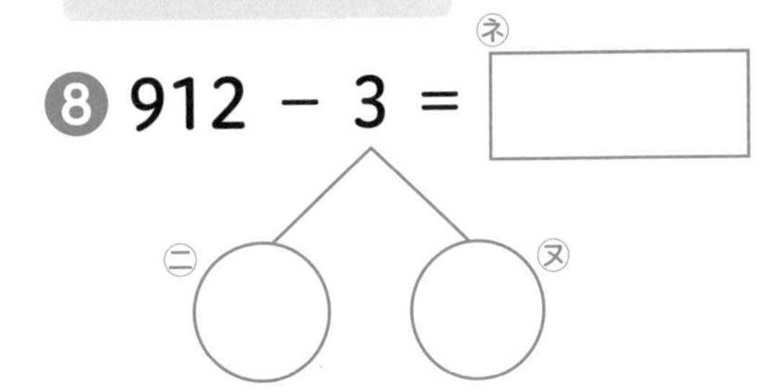

❽ 912 − 3 = ネ□

ニ○ ヌ○

（※親御さんへ … ①と②について、お子さんが「２ケター１ケタ、３ケター１ケタの暗算」をすでにできる場合、さくらんぼの中に数は書かなくても、答えだけ書けば問題ありません。）

53ページ〜と同(おな)じように、○と□にあてはまる数(かず)を入(い)れよう！

▶答(こた)えは111ページ

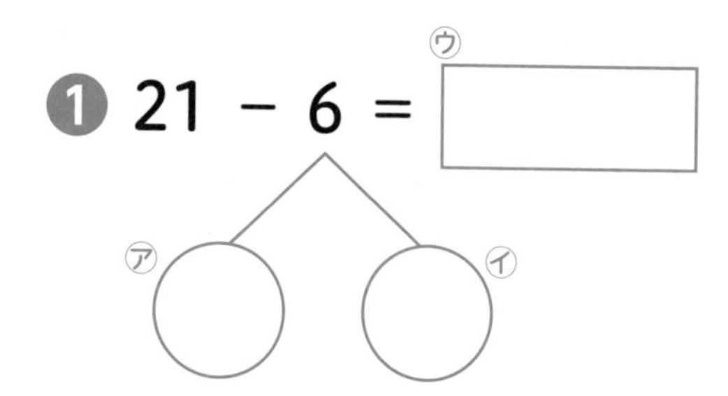

❶ 21 − 6 = ㋒□
㋐○ ㋑○

❷ 14 − 7 = ㋕□
㋓○ ㋔○

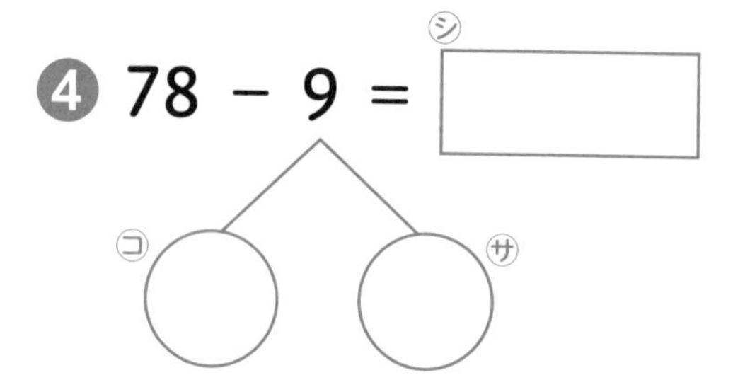

❸ 93 − 4 = ㋘□
㋖○ ㋗○

❹ 78 − 9 = ㋛□
㋙○ ㋚○

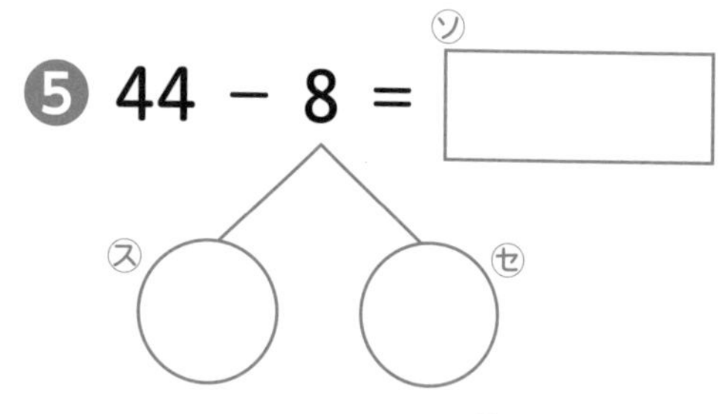

❺ 44 − 8 = ㋞□
㋜○ ㋝○

❻ 451 − 3 = ㋡□
㋟○ ㋠○

❼ 302 − 8 = ㋤□
㋢○ ㋣○

❽ 243 − 5 = ㋧□
㋥○ ㋦○

❾ 556 − 9 = ㋪□
㋨○ ㋩○

❿ 106 − 7 = ㋭□
㋫○ ㋬○

さくらんぼを頭（あたま）の中（なか）で考（かんが）えて、計算（けいさん）してみよう（むずかしそうなら、さくらんぼを図（ず）にかきこんで計算（けいさん）してもいいよ）！ ▶答（こた）えは111ページ

❶ 71 − 7 =

❷ 92 − 4 =

❸ 13 − 6 =

❹ 24 − 5 =

❺ 67 − 9 =

❻ 252 − 7 =

❼ 992 − 5 =

❽ 401 − 9 =

❾ 105 − 6 =

❿ 873 − 8 =

さくらんぼを頭の中で考えて、計算してみよう（むずかしそうなら、さくらんぼを図にかきこんで計算してもいいよ）！ ▶答えは111ページ

❶ $101 - 4 =$

❷ $23 - 9 =$

❸ $83 - 7 =$

❹ $874 - 8 =$

❺ $41 - 5 =$

❻ $322 - 3 =$

❼ $805 - 9 =$

❽ $34 - 6 =$

❾ $91 - 8 =$

❿ $985 - 7 =$

「ここまで習った、たし算と引き算」の20問テスト その1

点数とかかった時間

1回目	点	分	秒
2回目	点	分	秒
3回目	点	分	秒

ここまでのまとめとして、「たし算と引き算」のテストをしよう！
(1問5点、計100点) (合格点90点)

▶答えは111ページ

❶ 22 − 8 =

❷ 209 + 3 =

❸ 76 + 6 =

❹ 104 − 9 =

❺ 651 − 7 =

❻ 34 + 8 =

❼ 918 + 3 =

❽ 842 − 4 =

❾ 95 + 9 =

❿ 15 − 6 =

⓫ 535 − 8 =

⓬ 689 + 9 =

⓭ 28 + 5 =

⓮ 577 + 8 =

⓯ 905 − 8 =

⓰ 31 − 3 =

⓱ 792 + 9 =

⓲ 43 − 5 =

⓳ 96 − 9 =

⓴ 57 + 4 =

「ここまで習(なら)った、たし算(ざん)と引(ひ)き算(ざん)」の20問(もん)テスト その2

点数(てんすう)とかかった時間(じかん)

1回目(かいめ)	点(てん)	分(ふん)	秒(びょう)
2回目(かいめ)	点(てん)	分(ふん)	秒(びょう)
3回目(かいめ)	点(てん)	分(ふん)	秒(びょう)

ここまでのまとめとして、「たし算(ざん)と引(ひ)き算(ざん)」のテストをしよう！
（1問(もん)5点(てん)、計(けい)100点(てん)）（合格点(ごうかくてん)90点(てん)）

▶答(こた)えは112ページ

❶ 56＋9＝

❷ 81－4＝

❸ 793－6＝

❹ 398＋7＝

❺ 45＋6＝

❻ 779＋2＝

❼ 72－9＝

❽ 33－5＝

❾ 67＋7＝

❿ 217－9＝

⓫ 16－8＝

⓬ 98＋8＝

⓭ 601－2＝

⓮ 408＋4＝

⓯ 356－7＝

⓰ 818＋6＝

⓱ 158＋8＝

⓲ 107－8＝

⓳ 89＋3＝

⓴ 62－7＝

ステップ2

かんたんな割り算の計算をしよう！

★割り算って何？

6個のキャンデーを、3人で同じ数ずつ分けると、次のようになるよ。

6個のキャンデーを、3人で同じ数ずつ分けると、1人分が2個になる。これを式で表すと、次のようになるよ。

式 6 ÷ 3 = 2

読み方 6 わる 3 は 2

「÷」の書き方

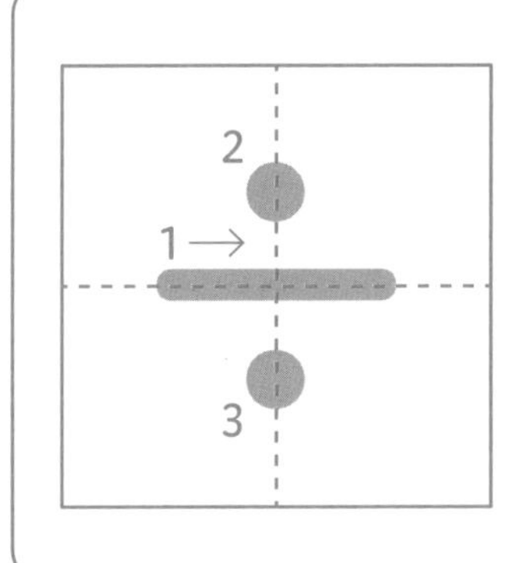

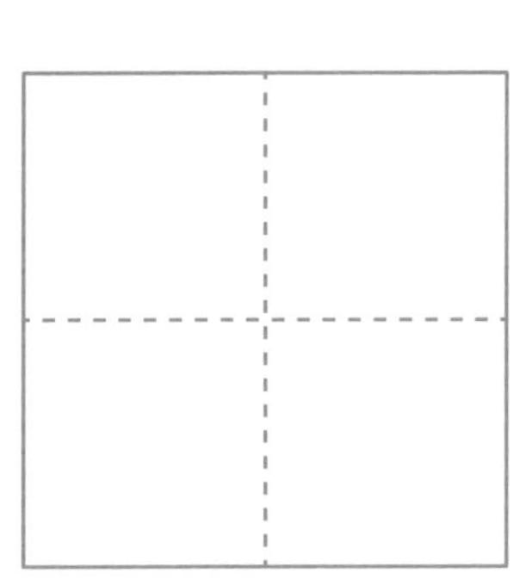

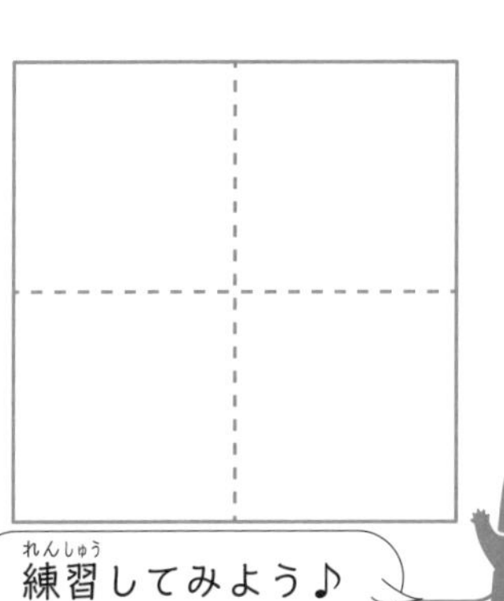

練習してみよう♪

第2章 たし算と引き算、割り算の暗算をしよう！

また、例えば「8個のみかんを、1人に2個ずつ分けると、4人に分けられる」ことを式で表すと、「8 ÷ 2 = 4」となる。

6 ÷ 3や8 ÷ 2のような計算を、割り算というよ。

ところで、みかんを1人に2個ずつ、4人に分けるとき、みかんは全部で何個いるかな？　そう。「2 × 4 = 8」だから、みかんは全部で8個だね。

だから、「8 ÷ 2 = 4」という割り算は、「2 × 4 = 8」というかけ算に直すことができる。次のページでは、このことを使って「割り算の計算のしかた」を説明するよ。

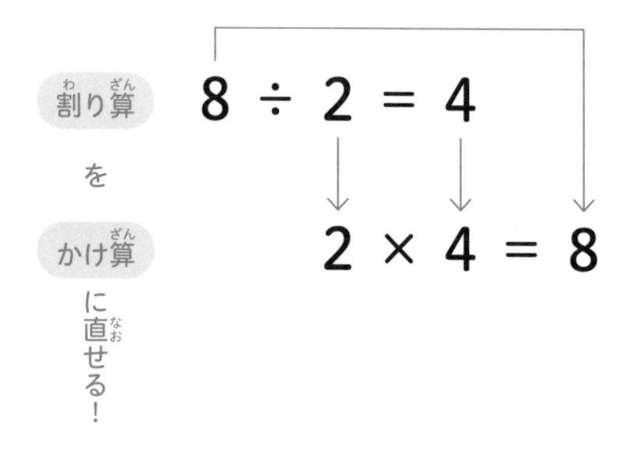

はじめて割り算を習う人は
じっくり読もう♪

★割り算の計算のしかたと問題

例えば、「15÷３」を計算するとき、次の４つのステップで計算できるよ。

「15÷3」を計算する４ステップ！

①「15÷3」の答えを□として、「15÷３＝□」としよう。

②「15÷３＝□」の３と□を、下におろして、×（かける）でつなごう。

15÷ 3 ＝□

3と□を下におろす

3 ×□

×でつなぐ

③「３×□」の右に「＝」をつけて、遠回りで、15を次のように動かそう。

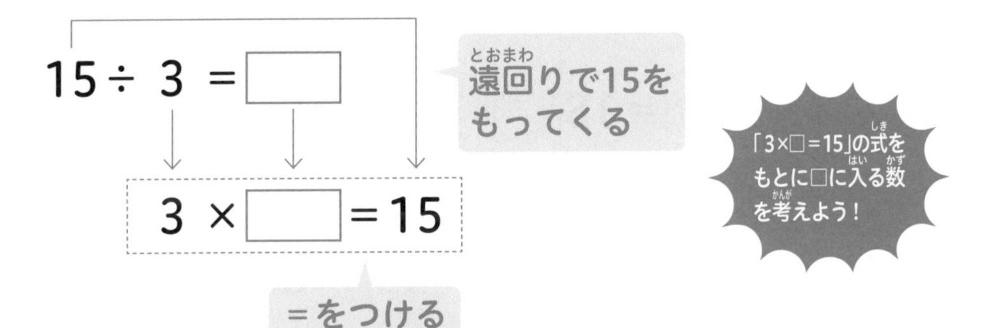

④「３×□＝15」という式ができあがったね。九九の３の段を思いうかべながら、□にあてはまる数を考えよう。３×５＝15だから、□に入る数は５だよ。「15÷３＝５」ということだね。

この本で出てくる割り算はすべて、上の４ステップで計算できるよ。なれたら暗算もできるようになる。

では、さっそく割り算の練習をしてみよう！

(例)のように、□にあてはまる数を入れよう！

▶答えは112ページ

(例) 30 ÷ 5 = ?

5 × ? = 30

九九の5の段で30になる ? を考える

30 ÷ 5 = 6 …答え

❶ 28 ÷ 4 = ?

4 × ? = 28

九九の4の段で28になる ? を考える

28 ÷ 4 = □ …答え

❷ 18 ÷ 2 = ?

2 × ? = 18

18 ÷ 2 = □

❸ 48 ÷ 6 = ?

6 × ? = 48

48 ÷ 6 = □

❹ 24 ÷ 8 = ?

8 × ? = 24

24 ÷ 8 = □

❺ 7 ÷ 1 = ?

1 × ? = 7

7 ÷ 1 = □

□にあてはまる数を入れよう！

▶答えは112ページ

❶ 14 ÷ 2 = □

〔ヒント　2 × ？ = 14〕

❷ 24 ÷ 6 = □

〔ヒント　6 × ？ = 24〕

❸ 5 ÷ 1 = □

〔ヒント　1 × ？ = 5〕

❹ 49 ÷ 7 = □

〔ヒント　7 × ？ = 49〕

❺ 81 ÷ 9 = □

〔ヒント　9 × ？ = 81〕

❻ 45 ÷ 5 = □

〔ヒント　5 × ？ = 45〕

❼ 9 ÷ 3 = □

〔ヒント　3 × ？ = 9〕

❽ 32 ÷ 4 = □

〔ヒント　4 × ？ = 32〕

❾ 56 ÷ 8 = □

〔ヒント　8 × ？ = 56〕

❿ 35 ÷ 7 = □

〔ヒント　7 × ？ = 35〕

次の計算をしよう！ ②のように、ヒントのかけ算を自分で書きながら、解いてもいいよ。

▶答えは112ページ

❶ $20 \div 5 =$

❷ $48 \div 8 =$

❸ $63 \div 9 =$

❹ $16 \div 4 =$

❺ $1 \div 1 =$

❻ $21 \div 3 =$

❼ $12 \div 2 =$

❽ $30 \div 6 =$

❾ $7 \div 7 =$

❿ $54 \div 9 =$

次の計算をしよう！ ②のようなヒントは、できるだけ頭の中で考えて解いてみよう。

▶答えは112ページ

❶ $24 \div 3 =$

❷ $18 \div 9 =$

❸ $42 \div 6 =$

❹ $14 \div 2 =$

❺ $36 \div 4 =$

❻ $40 \div 8 =$

❼ $2 \div 1 =$

❽ $15 \div 5 =$

❾ $35 \div 7 =$

❿ $8 \div 8 =$

「かんたんな割り算」の20問テスト その1

点数とかかった時間

1回目	点	分	秒
2回目	点	分	秒
3回目	点	分	秒

ここまでのまとめとして、「かんたんな割り算」のテストをしよう！
（1問5点、計100点）（合格点90点）

▶答えは112ページ

❶ $12 \div 4 =$

❷ $36 \div 6 =$

❸ $56 \div 7 =$

❹ $3 \div 1 =$

❺ $35 \div 5 =$

❻ $32 \div 8 =$

❼ $18 \div 2 =$

❽ $42 \div 7 =$

❾ $20 \div 4 =$

❿ $12 \div 3 =$

⓫ $54 \div 6 =$

⓬ $72 \div 9 =$

⓭ $6 \div 1 =$

⓮ $10 \div 5 =$

⓯ $21 \div 7 =$

⓰ $6 \div 6 =$

⓱ $45 \div 9 =$

⓲ $16 \div 8 =$

⓳ $8 \div 2 =$

⓴ $18 \div 3 =$

「かんたんな割り算」の20問テスト その2

点数とかかった時間

1回目	点	分	秒
2回目	点	分	秒
3回目	点	分	秒

ここまでのまとめとして、「かんたんな割り算」のテストをしよう！

（1問5点、計100点）（合格点90点）

▶答えは112ページ

❶ $64 \div 8 =$

❷ $27 \div 9 =$

❸ $15 \div 5 =$

❹ $4 \div 1 =$

❺ $12 \div 6 =$

❻ $16 \div 2 =$

❼ $24 \div 4 =$

❽ $28 \div 7 =$

❾ $3 \div 3 =$

❿ $7 \div 1 =$

⓫ $18 \div 6 =$

⓬ $40 \div 5 =$

⓭ $10 \div 2 =$

⓮ $27 \div 3 =$

⓯ $81 \div 9 =$

⓰ $14 \div 7 =$

⓱ $72 \div 8 =$

⓲ $36 \div 4 =$

⓳ $18 \div 9 =$

⓴ $30 \div 6 =$

第3章 ＋－×÷と(　)のまじった計算をできるようになろう！

ステップ1

ふつうは左から計算する！

これから「計算の順」について話していくよ。
まず、一番の基本。それは「ふつうは左から計算する！」ということだ。

例えば、「3 ＋ 2 － 4 ＋ 5 ＝」の＋と－の下に、計算する順に番号（①、②、③）をつけると、次のようになる。

計算の順　$3+2-4+5=$
①　②　③
ふつうは左から計算する

そして、①、②、③の順に計算すると、次のようになるよ。

$3+2-4+5$　①を計算
$=5-4+5$　②を計算
$=1+5$　③を計算
$=6$
答え

「左から計算することなんて知っていたよ」と思うかもしれない。けれど、計算の最初のルールとして、おさえておいてほしいんだ。
例えば、次のように、かけ算と割り算だけでできた式も、左から計算すればいいんだよ。

$$
\begin{aligned}
& 8 \times 3 \div 6 \times 5 \\
= & 24 \div 6 \times 5 \\
= & 4 \times 5 \\
= & 20
\end{aligned}
$$

答え

では、次のページから、「左から順にする計算」の練習をしていこう！

「計算の順」について、はじめて習う人も、わかりやすく教えるから安心してね♪

□にあてはまる数を入れよう！　43ページ～で習った「2ケタ＋1ケタ」「2ケタ－1ケタ」も出てくるよ。

▶答えは112ページ

❶ $2+3+7$

$= \boxed{ア} + 7$

$= \boxed{イ}$

❷ $31-7-3$

$= \boxed{ウ} - 3$

$= \boxed{エ}$

❸ $3 \times 2 \times 4$

$= \boxed{オ} \times 4$

$= \boxed{カ}$

❹ $42 \div 7 \div 2$

$= \boxed{キ} \div 2$

$= \boxed{ク}$

❺ $52+9-5+6$

$= \boxed{ケ} - 5 + 6$

$= \boxed{コ} + 6$

$= \boxed{サ}$

❻ $24 \div 3 \times 5 \div 8$

$= \boxed{シ} \times 5 \div 8$

$= \boxed{ス} \div 8$

$= \boxed{セ}$

次の計算をしよう！　☆1と同じように途中の式を書きながら解いてもいいよ。いきなり答えを出せるときは、答えだけ書いても大丈夫だよ！

▶答えは113ページ

❶ $9+3+5=$

❷ $16-4-7=$

❸ $3\times3\times8=$

❹ $72\div8\div3=$

❺ $22-5+8=$

❻ $6\times6\div4=$

❼ $36+8-7+5=$

❽ $2\times3\times4\div6=$

❾ $17+4-8+9=$

❿ $12\div6\times4\times8=$

次の計算をしよう！　このページでは、時間をはかって、合格点をとることを目指そう。途中の式を書きながら解いてもいいよ。いきなり答えを出せるときは、答えだけ書いても大丈夫だよ！（❶〜❹は各10点、❺〜❽は各15点、計100点）（合格点85点）

点数とかかった時間

1回目	点	分	秒
2回目	点	分	秒
3回目	点	分	秒

▶答えは113ページ

❶ $18+5+4+6=$

❷ $2\times9\div3\times8=$

❸ $52-8-5+9=$

❹ $2\times8\div4\times3=$

❺ $94-6-2+1+5=$

❻ $81\div9\div3\times4\div2=$

❼ $26+7-5-4+8=$

❽ $6\times6\div4\times3\div9=$

ステップ2

「×と÷」は、「＋と－」より先に計算する！

野球やサッカーなどのスポーツにルールがあるように、計算にもルールがあるんだ。ステップ1では、「ふつうは左から計算する」というきまりを学んだね。

第1章のおみやげ算でも、「たし算よりかけ算を先に計算する」というきまりを使った（17ページ）。

これをもっとくわしく言うと、「×と÷**は、**＋と－**より先に計算する**」というルールがあるんだ。例えば、「10－3×2」なら、どうやって計算する？

「×は、－より先に計算する」のだから、先にかけ算の「3 × 2」を計算しないといけないんだね。「10－3×2」の計算では、左から計算したらバツになるから気をつけよう。

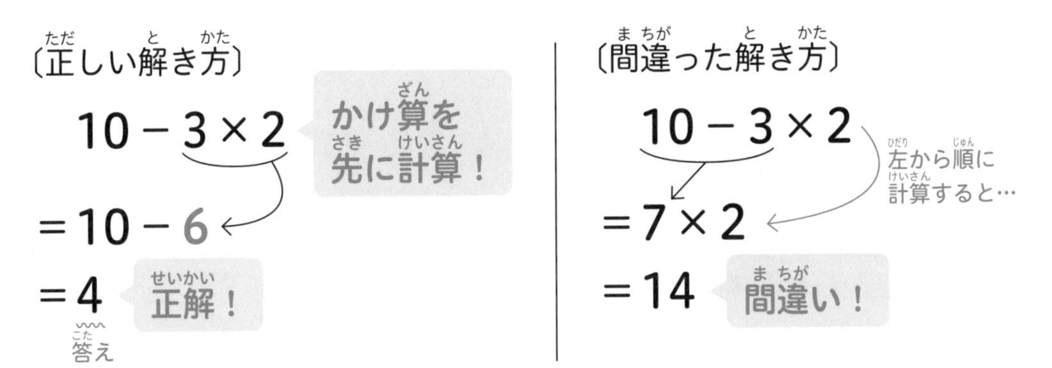

なれるために、例えば、「15÷5＋4×6」も計算してみよう。「ふつうは左から計算する」、「×と÷は、＋と－より先に計算する」のルールから、「÷＋×」の下に、計算の順に①、②、③を書くと、次のページのようになるよ。

$15 \div 5 + 4 \times 6 =$

計算の順… ① ③ ②

÷と×があるので
最後にたす！

「×と÷は、＋と－より先に計算する」から、この計算では、最後にたし算をするんだね。実際に計算すると、次のようになるよ。

計算の順… ① ③ ②

$$15 \div 5 + 4 \times 6$$
$$= 3 + 4 \times 6$$
$$= 3 + 24$$
$$= 27$$

最後にたす

答え

ここで、２つのきまりをまとめるよ。

計算のきまり

①ふつうは左から計算する
②×と÷は、＋と－より先に計算する

では、この２つのきまりをもとにして、次の問題を解いてみよう！

次の□にあてはまる数や記号（①、②、③）を入れよう！▶答えは114ページ

（1）$17-4\times3=$

・計算の順に①、②の番号をつけましょう。

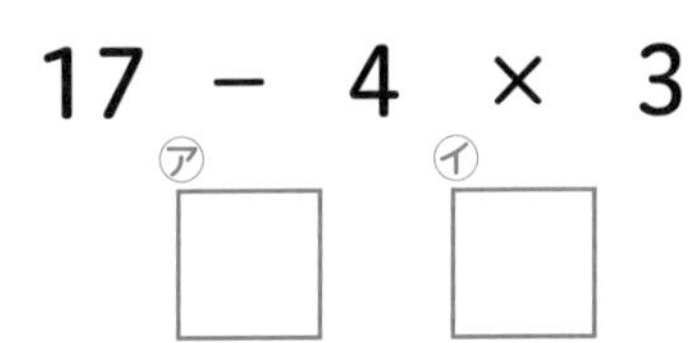

17　−　4　×　3

㋐□　㋑□

・①、②の順に計算しましょう。

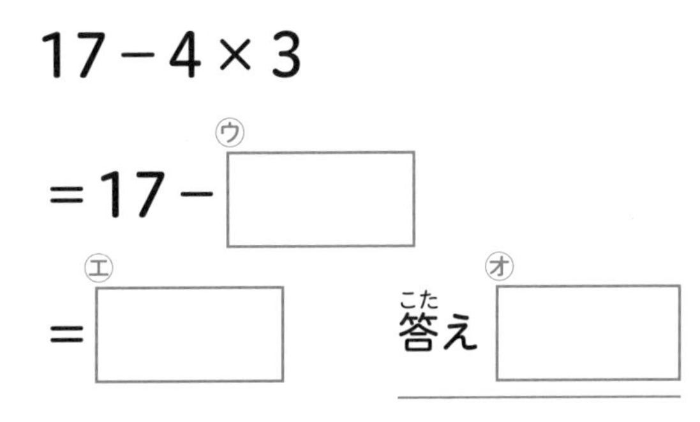

$17-4\times3$

$=17-$ ㋒□

$=$ ㋓□　　答え ㋔□

（2）$8+20\div4=$

・計算の順に①、②の番号をつけましょう。

8　+　20　÷　4

㋕□　㋖□

・①、②の順に計算しましょう。

$8+20\div4$

$=8+$ ㋗□

$=$ ㋘□　　答え ㋙□

（3）$9\div3+2\times5=$

・計算の順に①、②、③の番号をつけましょう。

9　÷　3　+　2　×　5

㋚□　㋛□　㋜□

・①、②、③の順に計算しましょう。

$9\div3+2\times5$

$=$ ㋝□ $+2\times5$

$=$ ㋞□ $+$ ㋟□

$=$ ㋠□　　答え ㋡□

（4）$18-14\div7\times2=$

・計算（けいさん）の順（じゅん）に①、②、③の番号（ばんごう）をつけましょう。

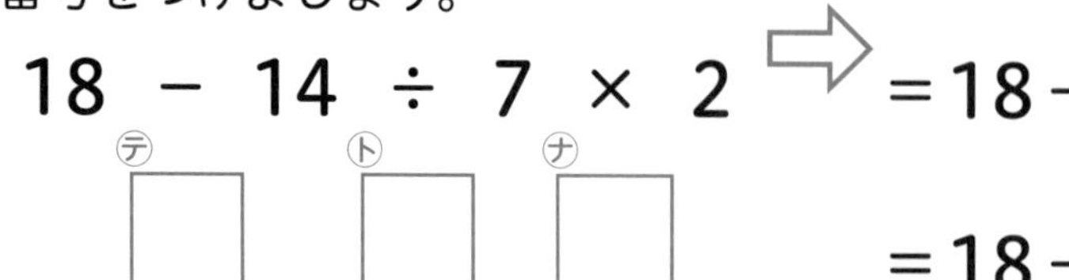

・①、②、③の順（じゅん）に計算（けいさん）しましょう。

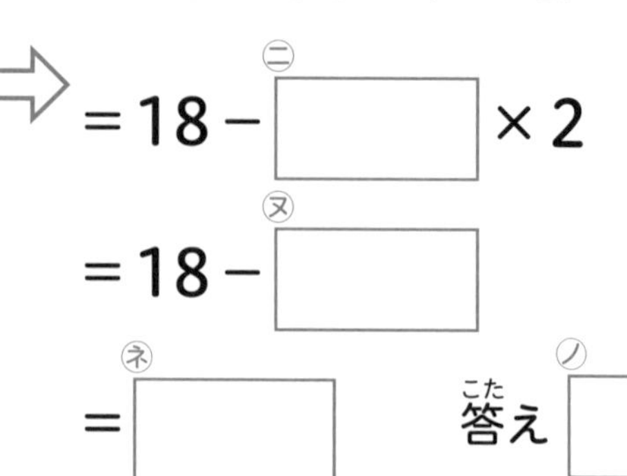

= ネ　　答（こた）え ノ

（5）$36\div4-35\div5=$

・計算（けいさん）の順（じゅん）に①、②、③の番号（ばんごう）をつけましょう。

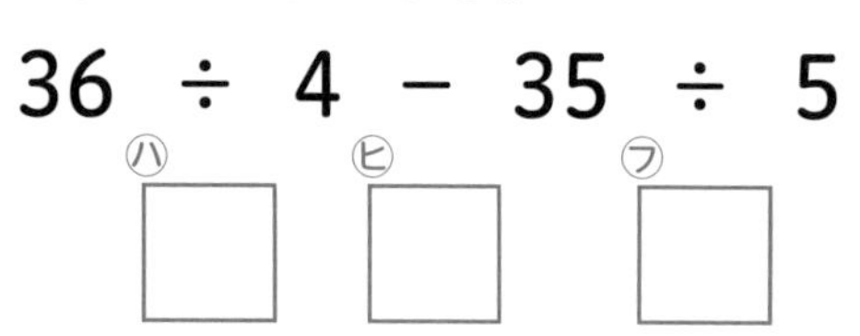

・①、②、③の順（じゅん）に計算（けいさん）しましょう。

$36\div4-35\div5$

= ヘ $-35\div5$

= ホ − マ

= ミ　　答（こた）え ム

（6）$7+2\times3+1=$

・計算（けいさん）の順（じゅん）に①、②、③の番号（ばんごう）をつけましょう。

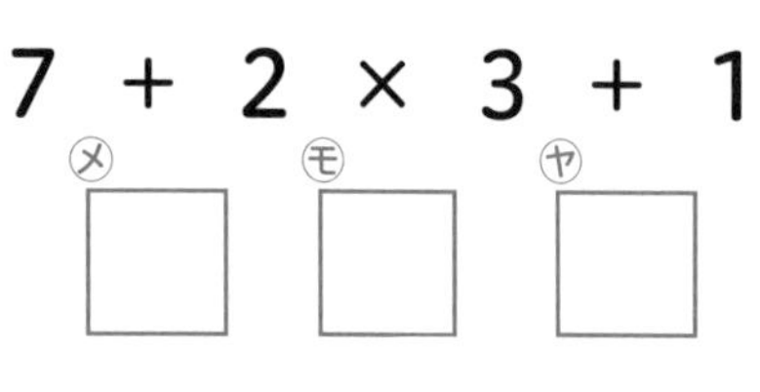

・①、②、③の順（じゅん）に計算（けいさん）しましょう。

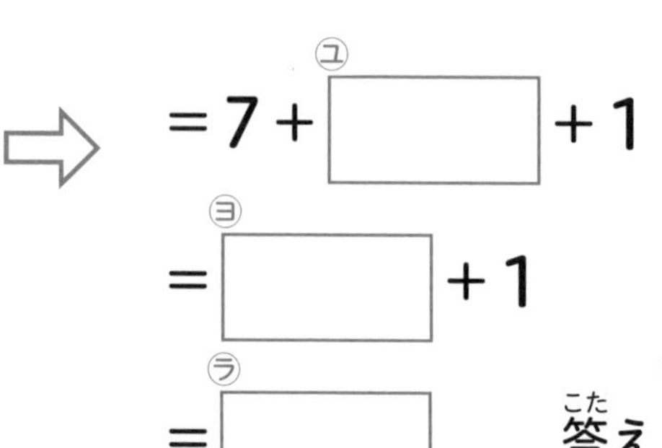

答（こた）え リ

次の計算をしよう！　計算の順序がわからなかったら、「＋ － × ÷」の下に①、②、③の番号をつけてから計算するのがおすすめだ。いきなり答えを出せなかったら、途中の式を書きながら計算しても大丈夫だよ。

▶答えは114ページ

ヒント　左から順に計算する問題もまじっているよ！

（1）$5+4\times6=$

（2）$10-16\div2=$

（3）$2\times7+4=$

（4）$8+27\div3=$

（5）$6\times2-42\div7=$

（6）$3\times8\div6+8=$

（7）$9+56\div8\times2=$

（8）$3+1\times2\times8=$

（9）$5+6\times6-7=$

（10）$35\div7\div1+9=$

次の計算をしよう！　このページでは、時間をはかって、合格点をとることを目指そう。いきなり答えを出せなかったら、途中の式を書きながら計算しても大丈夫だよ。

（1問10点、計100点）（合格点90点）

▶答えは115ページ

点数とかかった時間

1回目	点	分	秒
2回目	点	分	秒
3回目	点	分	秒

ヒント　左から順に計算する問題もまじっているよ！

（1）$2 \times 4 + 3 \times 6 =$

（2）$11 - 3 \times 4 \div 2 =$

（3）$64 \div 8 \div 8 + 15 =$

（4）$15 - 49 \div 7 + 8 =$

（5）$7 + 2 - 48 \div 8 =$

（6）$1 + 18 \div 3 \times 2 =$

（7）$24 \div 3 + 2 \times 9 =$

（8）$5 \div 5 \times 5 + 7 =$

（9）$9 \times 2 \div 3 \times 6 =$

（10）$3 \times 7 - 8 \div 4 =$

ステップ3

かっこがある式では、かっこの中を一番先に計算する！

例えば、「2＋3×4」を計算してみよう。×は＋より先に計算するから、まず、3×4を先に計算するんだね。

でも、「2＋3×4」の式に、かっこをつけた、「(2＋3)×4」の式では、計算の順がかわるから気をつけよう。ここで大事なのは、「かっこがある式では、かっこの中を一番先に計算する」というきまりだ。
だから、「(2＋3)×4」では、かっこの中の「2＋3」を先に計算する必要があるんだ。「2＋3×4」と「(2＋3)×4」の計算のしかたは、次のようになるよ。

ここで、今までに習った「計算のきまり」をまとめると、次のようになるよ。

計算の3つのきまり

(1)ふつうは左から計算する
(2)「×と÷」は「＋と－」より先に計算する
(3)かっこがある式では、かっこの中を一番先に計算する

これからは、この3つのきまりを守って、計算するようにしよう！
なれるために、例えば、「3×6－4÷2」と「3×(6－4)÷2」と「3×(6－4÷2)」の計算の順の違いをみてみよう。×－÷の下に、それぞれの計算の順（①、②、③）を書くと、次のページのようになるよ。

$3 \times 6 - 4 \div 2$　①③②（×と÷を先に計算）

$3 \times (6 - 4) \div 2$　②①③（かっこの中を先に計算）

$3 \times (6 - 4 \div 2)$　③②①（かっこの中を先に計算）

それぞれ計算すると、次のようになるよ。

かっこの中の÷を、－より先に計算

$$3 \times 6 - 4 \div 2 = 18 - 4 \div 2 = 18 - 2 = 16$$

（$3 \times 6 = 18$、$4 \div 2 = 2$）

$$3 \times (6 - 4) \div 2 = 3 \times 2 \div 2 = 6 \div 2 = 3$$

（$6 - 4 = 2$、$3 \times 2 = 6$）

$$3 \times (6 - 4 \div 2) = 3 \times (6 - 2) = 3 \times 4 = 12$$

（$4 \div 2 = 2$、$6 - 2 = 4$）

説明の最後に、例えば、「12÷3－1＋2」のかっこをつける場所をかえて計算すると、次のようになるよ。

- $12 \div 3 - 1 + 2 = 4 - 1 + 2 = 3 + 2 = 5$　（①②③）
- $12 \div (3 - 1) + 2 = 12 \div 2 + 2 = 6 + 2 = 8$　（②①③）
- $12 \div 3 - (1 + 2) = 12 \div 3 - 3 = 4 - 3 = 1$　（②③①）
- $12 \div (3 - 1 + 2) = 12 \div (2 + 2) = 12 \div 4 = 3$　（③①②）

このように、かっこをつける場所によって、計算の順がかわるんだね。

では、85ページの「計算の3つのきまり」をもとにして、次の問題を解いてみよう！

1 次の□にあてはまる数や記号(①、②、③)を入れよう！

▶答えは116ページ

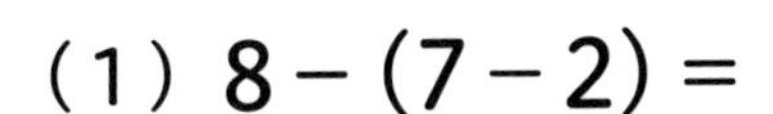

（1） $8-(7-2)=$

・計算の順に①、②の番号をつけましょう。

$8 \quad - \quad (7 \quad - \quad 2)$

㋐ 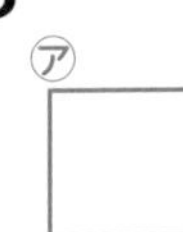 ㋑ 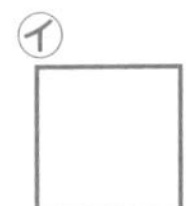

・①、②の順に計算しましょう。

$8-(7-2)$

$=8-$ ㋒ 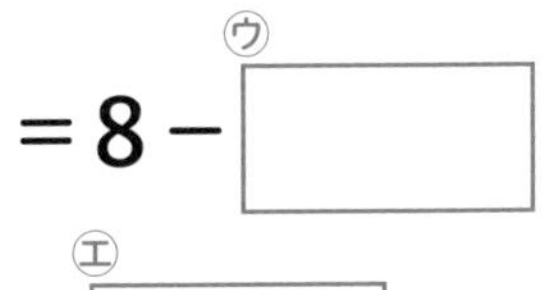

$=$ ㋓□　答え ㋔□

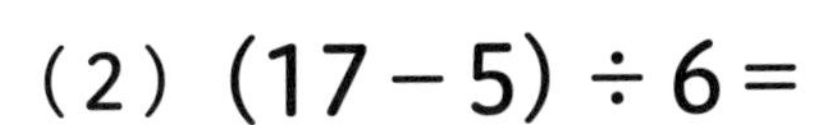

（2） $(17-5)\div 6=$

・計算の順に①、②の番号をつけましょう。

$(17 \quad - \quad 5) \quad \div \quad 6$

㋕ 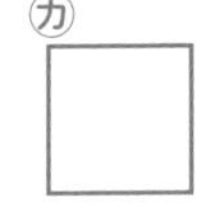 ㋖ 

・①、②の順に計算しましょう。

$(17-5)\div 6$

$=$ ㋗ 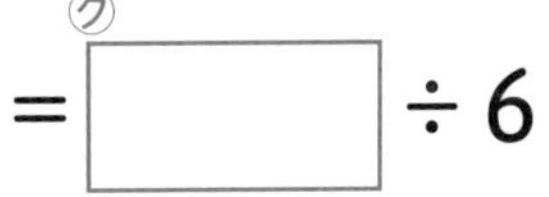 $\div 6$

$=$ ㋘ 　答え ㋙□

（3） $36\div(3\times 3)=$

・計算の順に①、②の番号をつけましょう。

$36 \quad \div \quad (3 \quad \times \quad 3)$

㋚ 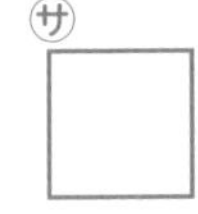 ㋛ 

・①、②の順に計算しましょう。

$36\div(3\times 3)$

$=36\div$ ㋜□

$=$ ㋝ 　答え ㋞ 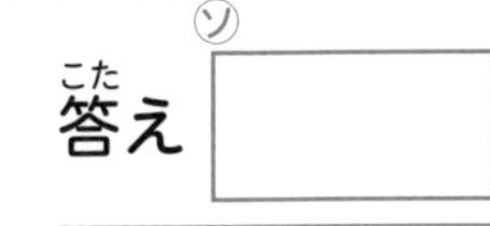

(4) $8 \times (13 - 5) =$

・計算の順に①、②の番号をつけましょう。

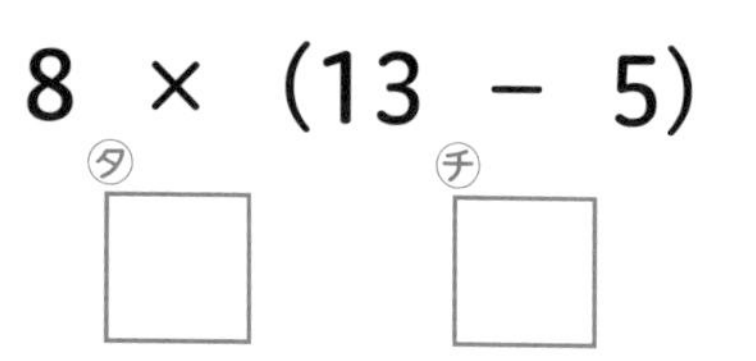

・①、②の順に計算しましょう。

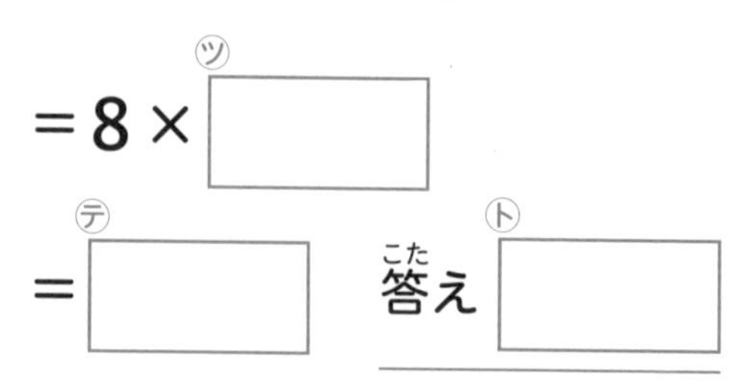

---

(5) $(1 + 8) \times (15 - 8) =$

・計算の順に①、②、③の番号をつけましょう。

$(1 + 8) \times (15 - 8)$

ナ　ニ　ヌ

・①、②、③の順に計算しましょう。

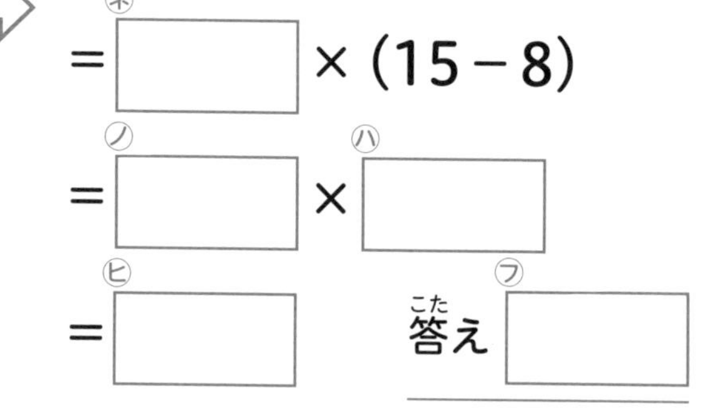

---

(6) $(39 + 9) \div 6 \times 5 =$

・計算の順に①、②、③の番号をつけましょう。

$(39 + 9) \div 6 \times 5$

ヘ　ホ　マ

・①、②、③の順に計算しましょう。

$(39 + 9) \div 6 \times 5$

= ミ $\div 6 \times 5$

= ム $\times 5$

= メ　　答え モ

次の□にあてはまる数や記号（①、②、③）を入れよう！

▶答えは116ページ

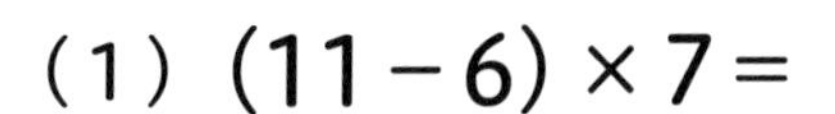

（1）$(11-6)\times 7=$

・計算の順に①、②の番号をつけましょう。

$(11\ -\ 6)\ \times\ 7$

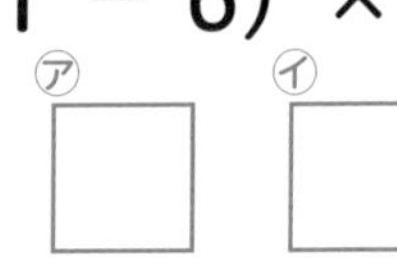

㋐□　㋑□

・①、②の順に計算しましょう。

$(11-6)\times 7$

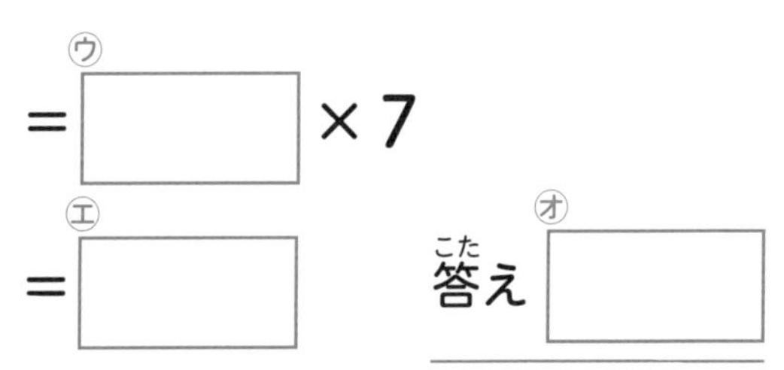

＝㋒□×7

＝㋓□　答え㋔□

（2）$72\div(45\div 5)=$

・計算の順に①、②の番号をつけましょう。

$72\ \div\ (45\ \div\ 5)$

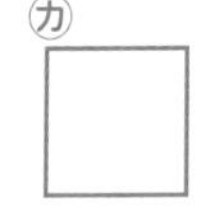

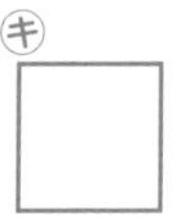

㋕□　㋖□

・①、②の順に計算しましょう。

$72\div(45\div 5)$

＝72÷㋗□

＝㋘□　答え㋙□

（3）$18-(12-9)+8=$

・計算の順に①、②、③の番号をつけましょう。

$18\ -\ (12\ -\ 9)\ +\ 8$

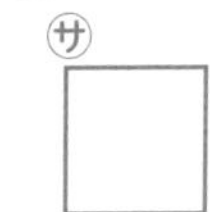

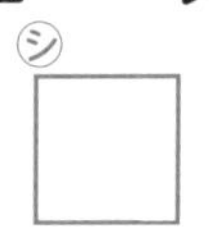

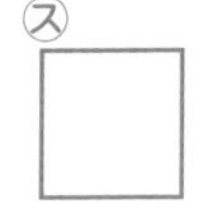

㋚□　㋛□　㋜□

・①、②、③の順に計算しましょう。

$18-(12-9)+8$

＝18－㋝□＋8

＝㋞□＋8

＝㋟□　答え㋠□

(4) $9 \times (3 \times 2 - 5) =$

・計算の順に①、②、③の番号をつけましょう。

$9 \times (3 \times 2 - 5)$

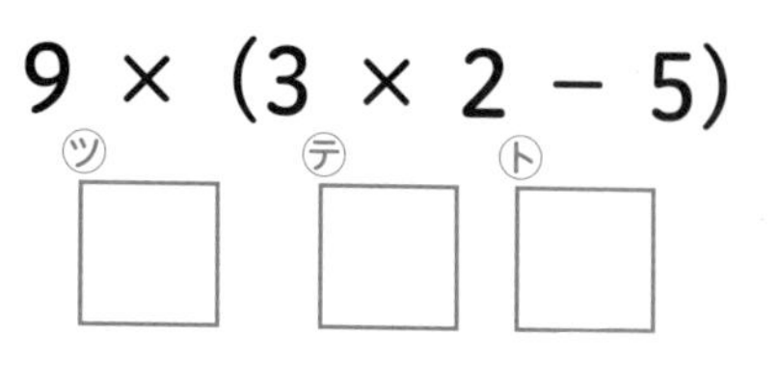

ツ □　テ □　ト □

・①、②、③の順に計算しましょう。

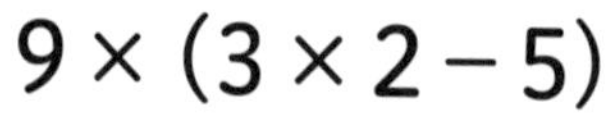

$9 \times (3 \times 2 - 5)$

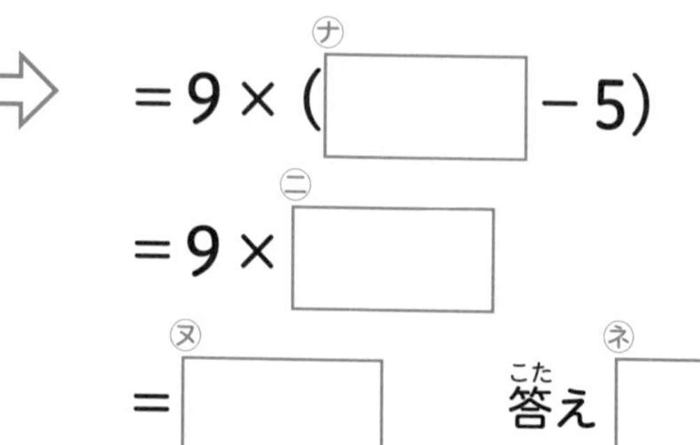

$= 9 \times ($ ナ □ $- 5)$

$= 9 \times$ ニ □

$=$ ヌ □

答え ネ □

---

(5) $(2 + 4 \times 7) \div 6 =$

・計算の順に①、②、③の番号をつけましょう。

$(2 + 4 \times 7) \div 6$

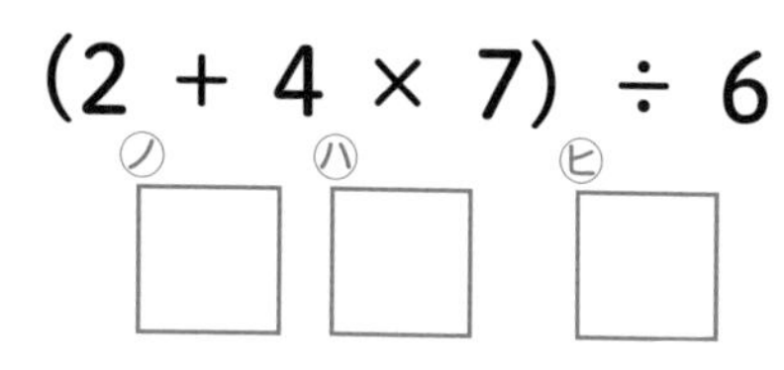

ノ □　ハ □　ヒ □

・①、②、③の順に計算しましょう。

$(2 + 4 \times 7) \div 6$

$= (2 +$ フ □ $) \div 6$

$=$ ヘ □ $\div 6$

$=$ ホ □

答え マ □

---

(6) $(10 - 36 \div 6) \times 9 =$

・計算の順に①、②、③の番号をつけましょう。

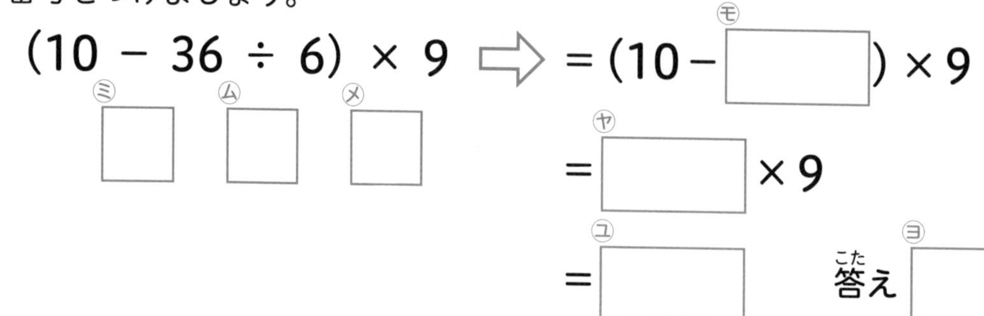

$(10 - 36 \div 6) \times 9$

ミ □　ム □　メ □

・①、②、③の順に計算しましょう。

$(10 - 36 \div 6) \times 9$

$= (10 -$ モ □ $) \times 9$

$=$ ヤ □ $\times 9$

$=$ ユ □

答え ヨ □

次の計算をしよう！　計算の順序がわからなかったら、「＋ − × ÷」の下に①、②、③の番号をつけてから計算するのがおすすめだ。いきなり答えを出せなかったら、途中の式を書きながら計算しても大丈夫だよ。

▶答えは117ページ

（1）$7 \times (9-8) =$

（2）$(29+3) \div 4 =$

（3）$42 \div (2 \times 3) =$

（4）$(16-9) \times 8 =$

（5）$(6 \times 2 - 7) \times 5 =$

（6）$24 \div (1+2) + 5 =$

（7）$6 \times (4 + 10 \div 2) =$

（8）$(11-5) - (11-7) =$

（9）$(73 - 63 \div 7) \div 8 =$

（10）$62 - (19+9) \div 7 =$

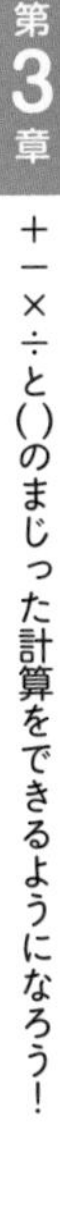

次の計算をしよう！　このページでは、時間をはかって、合格点をとることを目指そう。いきなり答えを出せなかったら、途中の式を書きながら計算しても大丈夫だよ。

（1問10点、計100点）（合格点90点）

▶答えは118ページ

点数とかかった時間

1回目	点	分	秒
2回目	点	分	秒
3回目	点	分	秒

（1）$7 \times 7 \div (8 - 1) =$

（2）$76 + (16 \div 4 \times 2) =$

（3）$(59 - 5) \div (14 - 8) =$

（4）$(1 + 9) \div 5 + 6 =$

（5）$9 \times (15 - 2 \times 5) =$

（6）$(24 \div 8 + 5) \times 4 =$

（7）$(7 + 28) \div 5 + 36 =$

（8）$40 \div (17 - 3 \times 3) =$

（9）$(72 - 5) - (12 - 4) =$

（10）$18 \div (1 \times 1 + 1) =$

ステップ4

おみやげ算と、かっこを使う計算をしよう！

達人とのテストに向けて、いよいよ最後のステップだよ。
まず、おみやげ算のしかたをおさらいしておこう。

（例） $16 \times 12 =$

①$16 \times 12$の右の「12の一の位の2」をおみやげとして、左の16にわたすんだったね。
すると、16×12が、$(16+2) \times (12-2) = 18 \times 10 (=180)$になるよ。

②その180に、「16の一の位の6」と「おみやげの2」をかけた12をたした、$(180+12=)$192が答えだ。
まとめると、$16 \times 12 = (16+2) \times (12-2) + 6 \times 2 = 180 + 12 = 192$だよ。

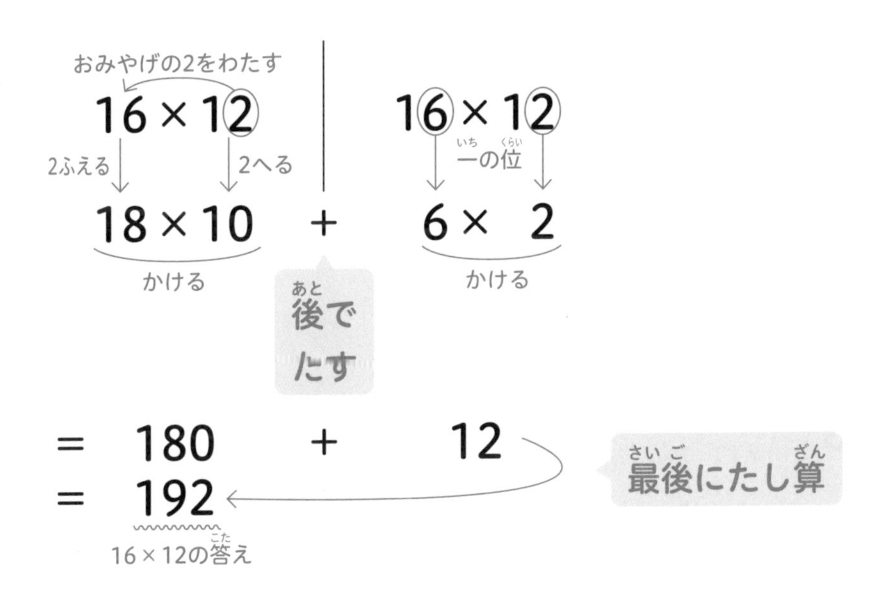

ここで、第2章で習ったこと（たし算、引き算、割り算の暗算）と、第3章のここまでで習ったこと（＋－×÷とかっこのまじった計算）と、おみやげ算を合体させた計算を考えてみよう。

難しそうに感じるかもしれないけど、計算の順を考えて、ひとつひとつ解いていけば、きっと答えにたどりつくはずだよ。
例えば、次のような問題だ。

（例）$17 \times (6+8) =$

この問題は、次のように計算できるよ。

$$17 \times (6+8)$$

計算の順→② ①

6＋8＝14

$$= 17 \times 14$$
$$= 210 + 28$$
$$= 238$$

おみやげ算で計算

さらにもう一問、解いてみよう。

（例）$(4+27 \div 3) \times 19 - 8 =$

この問題は、次のように解けるよ。

$$(4+27 \div 3) \times 19 - 8$$

計算の順→② ① ③ ④

27÷3＝9

$$= (4+9) \times 19 - 8$$

4＋9＝13

$$= 13 \times 19 - 8$$

13×19＝247（おみやげ算）

$$= 247 - 8$$

54ページ～で習った「3ケタ－1ケタ」

$$= 239$$

くりかえしになるけど、「**計算の順を考える→その順に計算していく**」という流れで、ていねいに解いていけばいいんだ。では、次のページから、ここまで習ったことを合体させた計算の練習をしよう！

次の計算をしよう！　どの問題も「おみやげ算」を使うよ。いきなり答えを出せなかったら、途中の式を書きながら計算しても大丈夫だ。

▶答えは119ページ

（1）$3+12\times13=$

（2）$14\times16-5=$

（3）$(23-8)\times17=$

（4）$(9+9)\times18=$

（5）$25\div5+19\times11=$

（6）$9+14\times18-3=$

（7）$14\times(1+2\times7)=$

（8）$2\times8\times16-8=$

（9）$18\times19-(14-8)=$

（10）$(25-6)\times(7+8)=$

点数とかかった時間

1回目	点	分	秒
2回目	点	分	秒
3回目	点	分	秒

次の計算をしよう！　このページでは、時間をはかって、合格点をとることを目指そう。いきなり答えを出せなかったら、途中の式を書きながら計算しても大丈夫だよ。
（1問10点、計100点）（合格点80点）

▶答えは120ページ

（1）$2\times6\times(9+8)=$

（2）$64\div8\times2\times18=$

（3）$8+(5+8)\times12=$

（4）$11\times(24-3\times3)=$

（5）$17\times18-81\div9=$

（6）$18\times(21-35\div5)=$

（7）$(15-9)\times2\times(9+6)=$

（8）$(49\div7+27\div3)\times13=$

（9）$7\times(8\div4)\times(22-5)=$

（10）$3\times5\times15-(3+5)=$

ではいよいよ、この本の「総まとめテスト」に向かおう！　出てくる計算は、このページの問題と同じように、第１章～第３章で習ったことのまとめだよ。

計算の達人との挑戦テスト

点数とかかった時間

1回目	点	分	秒
2回目	点	分	秒
3回目	点	分	秒

総まとめテスト

その1 達人の城の入り口に到着！

この本の最後のまとめテスト（全3回）だよ。次の計算をしよう！
（1問10点、計100点）（合格点80点）※途中の式を書いてもいいよ。▶答えは121ページ

（1）$17 \times (8+8) - 5 =$

（2）$18 \times (6 + 36 \div 4) =$

（3）$(6 \times 4 - 5) \times 14 =$

（4）$12 \times (9+2) - 9 =$

（5）$2 \times 3 \times 3 \times 12 =$

（6）$(16 \div 2 + 3) \times 19 =$

（7）$13 \times (6 + 81 \div 9) + 8 =$

（8）$(48 \div 6 \times 2) \times (27 - 8) =$

（9）$(17 + 7 - 9) \times (7 + 7) =$

（10）$(23 - 6) \times 19 - (12 - 5) =$

総まとめテスト

その２ 達人の弟子との対決！

点数とかかった時間

1回目	点	分	秒
2回目	点	分	秒
3回目	点	分	秒

この本の最後のまとめテスト（全３回）だよ。次の計算をしよう！
（１問10点、計100点）（合格点80点）※途中の式を書いてもいいよ。▶答えは122ページ

ヒント　このページと、次のページでは、「じゅんびうんどう（10ページ〜）」で習った「３ケタ＋２ケタ」の計算も（おみやげ算とは別に）出てくるよ！

（１）$(36 \div 9) \times (24 \div 6) \times 17 =$

（２）$13 \times (7 + 42 \div 7) - 9 =$

（３）$(11 + 40 \div 5) \times (23 - 5) =$

（４）$16 \times 15 + 72 - (14 - 8) =$

（５）$(22 - 16 \div 4 \times 2) \times 19 =$

（６）$7 + 18 \times (3 + 5 \times 2) =$

（７）$(5 \times 3 - 4) \times (8 + 9) =$

（８）$18 \times 17 - (15 - 28 \div 4) =$

（９）$64 \div 8 \div 2 \times 4 \times 11 =$

（10）$2 \times (48 \div 6 - 1) \times 15 =$

総まとめテスト

その3 達人との対決！

点数とかかった時間

1回目	点	分	秒
2回目	点	分	秒
3回目	点	分	秒

この本の最後のまとめテスト（全３回）だよ。次の計算をしよう！
((1）～（6）は各10点、(7）（8）は各20点、計100点）（合格点80点）
※途中の式を書いてもいいよ。

▶答えは123ページ

（1）$3 \times 6 \times 15 + 55 - 8 =$

（2）$(25 - 8) \times (24 \div 6 \times 3) =$

（3）$9 + (2 \times 8) \times (5 + 8) =$

（4）$19 \times (8 + 3 \times 3) - 4 =$

（5）$(22 - 5) \times 17 + 40 \div 8 =$

（6）$48 \div 8 \div 2 \times 5 \times 14 =$

（7）$(11 + 5) \div (1 \times 2) + (21 - 8) \times (13 + 6) =$

（8）$6 + (3 \times 2 \times 3) \times (24 - 8 + 1) - 63 \div (81 \div 9) =$

ふろく

「なぜ？」を理解することが
大切なんだ♪

おみやげ算のたねあかし

その1（おみやげ算を使って計算できる理由）

おみやげ算を使うと、なぜ11×11〜19×19の計算ができるのか、話していくよ。前の本では、たてより横が長い長方形で調べたから、今回は、**たてのほうが長い長方形**を使って説明していくよ。
ところで、**長方形の面積**（広さ）は、「たて×横」で求められる。

（例）　たて6、横4の長方形の面積は？

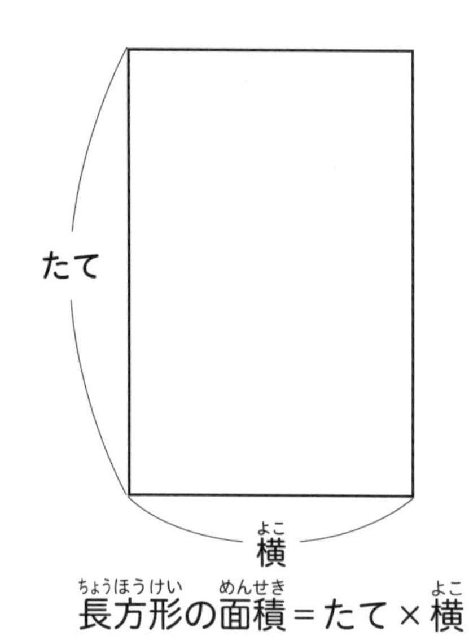

長方形の面積＝たて×横

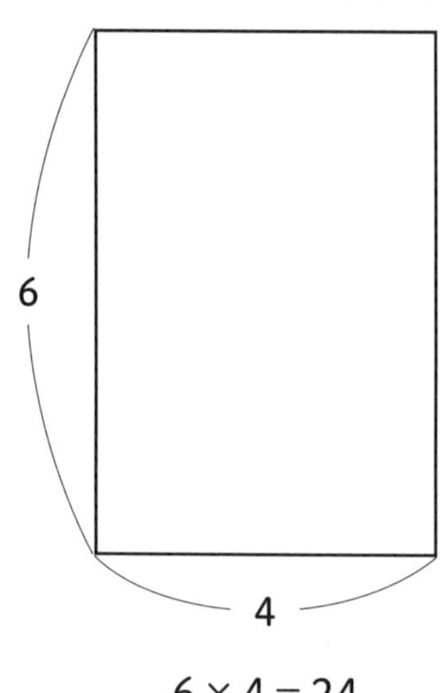

6×4＝24
面積

長方形を使って、おみやげ算の秘密を解きあかしていくよ。例えば、「18×15」は、おみやげ算を使うと、次のように計算できる。

おみやげの5をわたす

18　×　15
5ふえる↓　　↓5へる
＝23　×　10　＋　8　×　5　＝230＋40＝270
↑18の一の位　↑15の一の位　　18×15の答え

図1のような、たてが18、横が15の長方形の面積は、「18×15」で求められるよ。おうちの人と一緒に、「たて18cm」「横15cm」の紙と、鉛筆、ものさし、はさみを用意して、調べていくのもおすすめだよ。

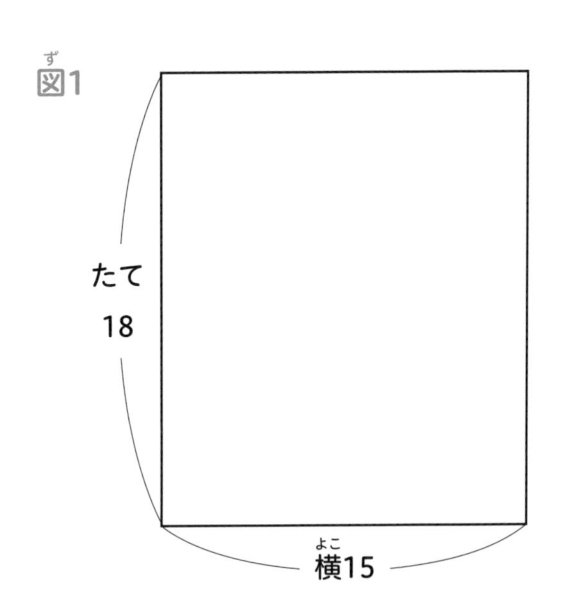

この図1の長方形の横の長さ15を、10と5に分けると、次の図2のようになる。㋐と㋑の2つの長方形に分かれるんだね。

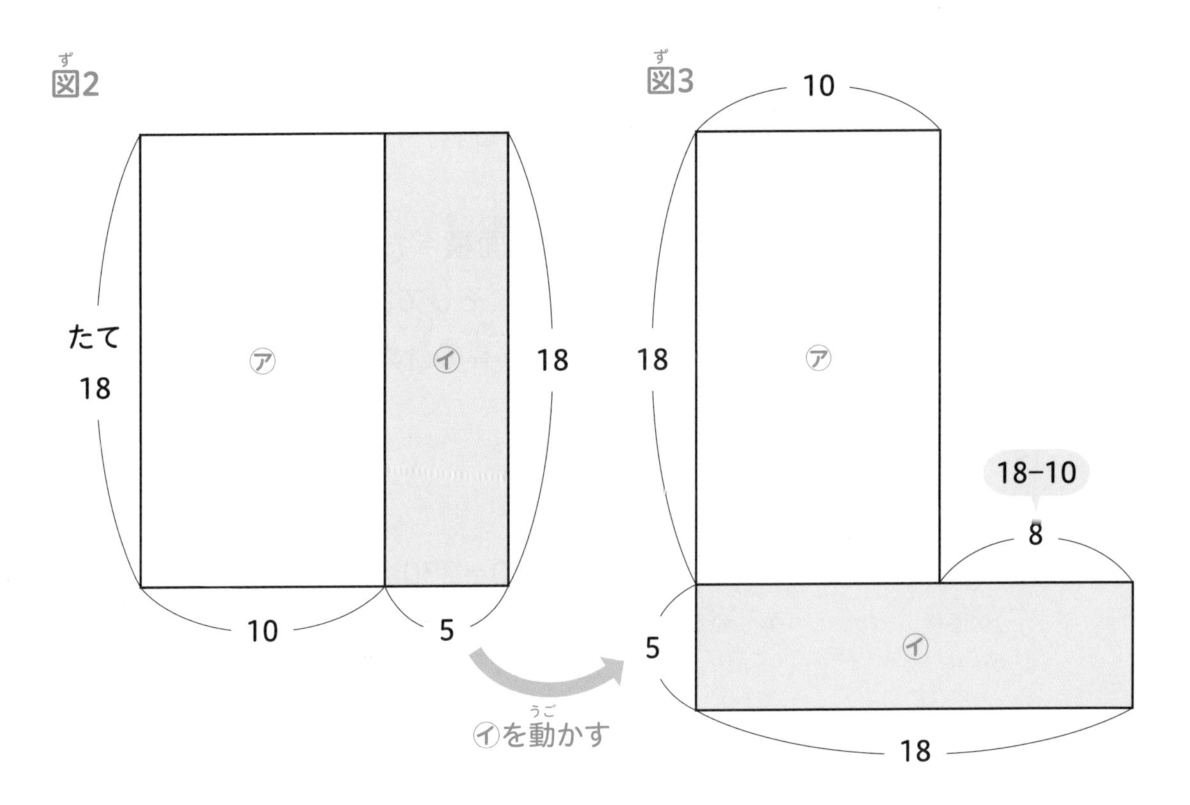

図2の長方形㋑を動かすと、上の図3のようになるよ。そして、図3の形を、別の長方形2つに分けると、次のページの図4のようになる。

図4

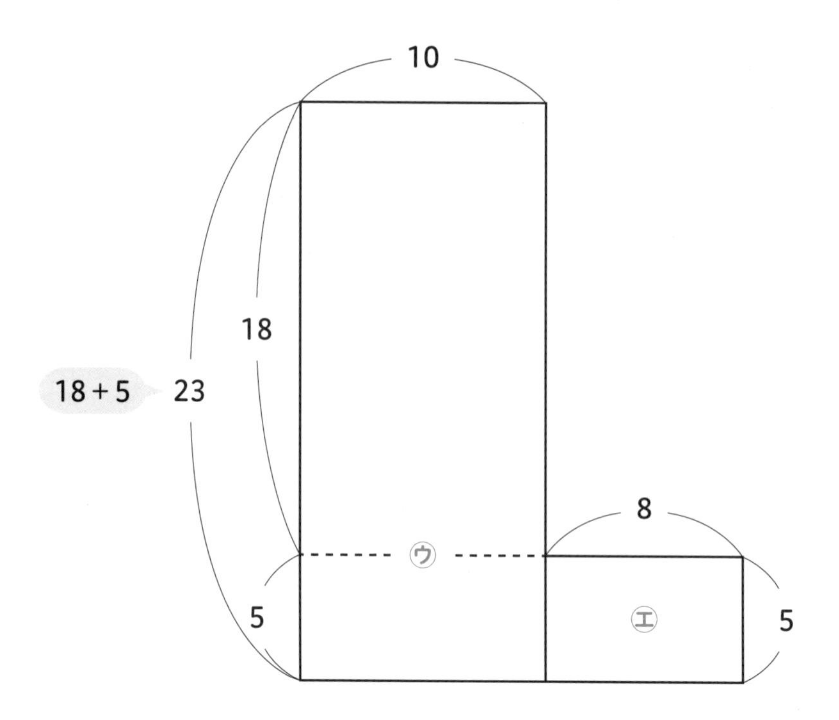

図4では、㋒と㋓の2つの長方形に分かれたね。長方形㋒と㋓の面積をたせば、もとの式「18×15」の答えを出すことができる。

まず、長方形㋒の面積を出そう。「長方形の面積＝たて×横（＝横×たて）」だから、(23×10＝)230が長方形㋒の面積だ。そして、(8×5＝)40が、長方形㋓の面積だよ。ここで、「18×15」のおみやげ算の計算をもう一度みてほしい。

18 × 15

5ふえる↓　↓5へる

＝23 × 10 ＋ 8 × 5 ＝230＋40＝270

㋒の面積と同じ　㋓の面積と同じ　18×15の答え（㋒＋㋓）

この計算のように、（23 × 10 =）**230の部分が、長方形㋒の面積と同じ**になっているね。また、（8 × 5 =）**40の部分が、長方形㋓の面積と同じ**だ。**長方形㋒**と㋓の面積をたせば、もとの式「18 × 15」の答え（230 + 40 =）**270**を出せる。これが、おみやげ算で計算ができる理由だよ。

11 × 11から19 × 19までの計算はすべて、同じように長方形のかたちを変えて説明できるんだ。だから「18 × 15」ではない計算でも長方形の図をかいて、試してみてほしい。

たてと横、どちらが長い長方形でも
同じように説明できるよ♪

おみやげ算のたねあかし

その2（親御さん向け）

39ページ～のコラムで、おみやげ算を使って、「**23**×**21**」や「**72**×**78**」などの「**十の位が同じ2ケタの数どうしのかけ算**」をすべて計算できることについてお話ししました。

おみやげ算で「十の位が同じ2ケタの数どうしのかけ算」の計算ができる理由について、**中学3年生で習う乗法公式（かけ算の公式）**を使って、次のように説明することができます。

x、y、zを整数とすると、十の位が同じ2ケタの2数は、$10x+y$、$10x+z$と表せます。

そして、十の位が同じ2ケタの2数をかけると、$(10x+y)(10x+z)$ と表せます。これを展開すると、次のようになります。

$(10x+y)(10x+z)=100x^2+10xy+10xz+yz$ ……①

一方、「**十の位が同じ2ケタの2数をかけた数**」を、おみやげ算によって求めます。おみやげ算では、まず、右の数から左の数に、**一の位の数のおみやげ**（z）を渡します。それは、次のように表されます。

$(10x+y)(10x+z) \rightarrow (10x+y+z)\times 10x=100x^2+10xy+10xz$

この結果に、「**左の数の一の位**（y）」**とおみやげ**（z）**をかけた数**yzをたすと、次のようになります。

$100x^2+10xy+10xz \rightarrow 100x^2+10xy+10xz+yz$ ……②

①と②が同じ式になったので、おみやげ算によって、「十の位が同じ2ケタの数どうしのかけ算」を計算できることが説明できました。

おみやげ算で計算できる理由が、数学的にも説明できることがわかります。お子さんが中学生になって、乗法公式を学んだ後に、あらためて、このページをみてもらうのもよいかもしれません。

計算の達人編 答え

第1章 おみやげ算をかんぺきにしよう！

じゅんびうんどう さくらんぼ計算 3ケタ+2ケタ

1 (問題は13ページ)

❶㋐40 ㋑23 ㋒323 ❷㋓10 ㋔17 ㋕217 ❸㋖20 ㋗16 ㋘316
❹㋙50 ㋚4 ㋛304 ❺㋜30 ㋝47 ㋞347 ❻㋟10 ㋠6 ㋡206
❼㋢50 ㋣10 ㋤310 ❽㋥20 ㋦29 ㋧329

2 (問題は14ページ)

❶205 ❷324 ❸322 ❹361 ❺330 ❻353 ❼305 ❽345 ❾339 ❿210

3 (問題は15ページ)

❶306 ❷324 ❸351 ❹227 ❺325 ❻313 ❼308 ❽208 ❾306 ❿375

ステップ1 これが、おみやげ算だ！

1 (問題は19ページ)

❶㋐17 ㋑10 ㋒2 ㋓5 ㋔170 ㋕10 ㋖180
❷㋗18 ㋘10 ㋙4 ㋚4 ㋛180 ㋜16 ㋝196

2 (問題は20ページ)

❶㋐20 ㋑10 ㋒9 ㋓1 ㋔200 ㋕9 ㋖209
❷㋗22 ㋘10 ㋙5 ㋚7 ㋛220 ㋜35 ㋝255

3 (問題は21ページ)

❶㋐4 ㋑22 ㋒10 ㋓8 ㋔4 ㋕220 ㋖32 ㋗252
❷㋘2 ㋙15 ㋚10 ㋛3 ㋜2 ㋝150 ㋞6 ㋟156

4 (問題は22ページ)

❶㋐9 ㋑21 ㋒10 ㋓2 ㋔9 ㋕210 ㋖18 ㋗228

❷㋗6　㋙17　㋚10　㋛1　㋜6　㋝170　㋞6　㋟176

5 (問題は23ページ)

❶㋐3　㋑20　㋒10　㋓7　㋔3　㋕200　㋖21　㋗221

❷㋘4　㋙19　㋚10　㋛5　㋜4　㋝190　㋞20　㋟10　㋠10　㋡210

6 (問題は24ページ)

❶㋐6　㋑25　㋒10　㋓9　㋔6　㋕250　㋖54　㋗50　㋘4　㋙304

❷㋚2　㋛13　㋜10　㋝1　㋞2　㋟130　㋠2　㋡132

7 (問題は25ページ)

❶㋐7　㋑21　㋒10　㋓4　㋔7　㋕210　㋖28　㋗238

❷㋘9　㋙28　㋚10　㋛9　㋜9　㋝280　㋞81　㋟20　㋠61　㋡361

8 (問題は26ページ)

❶㋐16　㋑10　㋒5　㋓1　㋔160　㋕5　㋖165

❷㋗25　㋘10　㋙8　㋚7　㋛250　㋜56　㋝306

9 (問題は27ページ)

❶㋐19　㋑10　㋒6　㋓3　㋔190　㋕18　㋖208

❷㋗16　㋘10　㋙2　㋚4　㋛160　㋜8　㋝168

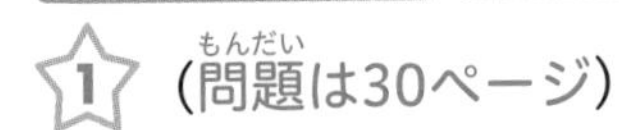

おみやげ算になれていこう！

1 (問題は30ページ)

❶16 × 12
= 18 × 10 + 6 × 2
= 180 + 12 = 192

❷15 × 15
= 20 × 10 + 5 × 5
= 200 + 25 = 225

❸18 × 13
= 21 × 10 + 8 × 3
= 210 + 24 = 234

❹19 × 11
= 20 × 10 + 9 × 1
= 200 + 9 = 209

❺14 × 15
= 19 × 10 + 4 × 5
= 190 + 20 = 210

❻17 × 15
= 22 × 10 + 7 × 5
= 220 + 35 = 255

❼12 × 17
= 19 × 10 + 2 × 7
= 190 + 14 = 204

❽13 × 16
= 19 × 10 + 3 × 6
= 190 + 18 = 208

2 (問題は31ページ)

❶11 × 11
= 12 × 10 + 1 × 1
= 120 + 1 = 121

❷19 × 18
= 27 × 10 + 9 × 8
= 270 + 72 = 342

❸13 × 15
= 18 × 10 + 3 × 5
= 180 + 15 = 195

❹17 × 16
= 23 × 10 + 7 × 6
= 230 + 42 = 272

❺12 × 19
= 21 × 10 + 2 × 9
= 210 + 18 = 228

❻16 × 14
= 20 × 10 + 6 × 4
= 200 + 24 = 224

❼11×17
=[18]×[10]+[1]×[7]
=[180]+[7]=[187]

❽14×12
=[16]×[10]+[4]×[2]
=[160]+[8]=[168]

❾18×18
=[26]×[10]+[8]×[8]
=[260]+[64]=[324]

❿16×19
=[25]×[10]+[6]×[9]
=[250]+[54]=[304]

☆3 (問題(もんだい)は32ページ)

❶15×14
=[19]×[10]+[5]×[4]
=[190]+[20]=[210]

❷19×15
=[24]×[10]+[9]×[5]
=[240]+[45]=[285]

❸17×13
=[20]×[10]+[7]×[3]
=[200]+[21]=[221]

❹12×12
=[14]×[10]+[2]×[2]
=[140]+[4]=[144]

❺18×17
=[25]×[10]+[8]×[7]
=[250]+[56]=[306]

❻16×11
=[17]×[10]+[6]×[1]
=[170]+[6]=[176]

❼13×19
=[22]×[10]+[3]×[9]
=[220]+[27]=[247]

❽17×19
=[26]×[10]+[7]×[9]
=[260]+[63]=[323]

❾14×18
=[22]×[10]+[4]×[8]
=[220]+[32]=[252]

❿16×16
=[22]×[10]+[6]×[6]
=[220]+[36]=[256]

ステップ3 □の数(かず)をへらして計算(けいさん)しよう！

☆1 (問題(もんだい)は33ページ)

❶㋐200 ㋑24 ㋒224 ❷㋓230 ㋔40 ㋕270 ❸㋖140 ㋗3 ㋘143
❹㋙240 ㋚48 ㋛288 ❺㋜190 ㋝20 ㋞210 ❻㋟180 ㋠12 ㋡192
❼㋢270 ㋣72 ㋤342 ❽㋥240 ㋦49 ㋧289

☆2 (問題は34ページ)

❶㋐200 ㋑9 ㋒209 ❷㋓210 ㋔30 ㋕240 ❸㋖210 ㋗24 ㋘234

❹㋙170 ㋚10 ㋛180 ❺㋜150 ㋝4 ㋞154 ❻㋟280 ㋠81 ㋡361

❼㋢240 ㋣48 ㋤288 ❽㋥190 ㋦18 ㋧208 ❾㋨210 ㋩28 ㋪238

❿㋫150 ㋬6 ㋭156

☆3 (問題は35ページ)

❶㋐180 ㋑16 ㋒196 ❷㋓250 ㋔54 ㋕304 ❸㋖180 ㋗7 ㋘187

❹㋙200 ㋚16 ㋛216 ❺㋜140 ㋝3 ㋞143 ❻㋟210 ㋠30 ㋡240

❼㋢160 ㋣9 ㋤169 ❽㋥260 ㋦63 ㋧323 ❾㋨190 ㋩20 ㋪210

❿㋫180 ㋬12 ㋭192

ステップ4 おみやげ算をしあげよう!

(解答には、途中式をのせています。一方、途中式を書いていなくても、正しい答えが出せていればもちろん正解です。)

☆1 (問題は36ページ)

❶18×14=220+32=252

❷15×17=220+35=255

❸13×16=190+18=208

❹19×12=210+18=228

❺11×18=190+8=198

❻14×13=170+12=182

❼19×16=250+54=304

❽12×14=160+8=168

❾18×19=270+72=342

❿16×17=230+42=272

☆2 (問題は37ページ)

❶19×11=200+9=209

❷16×19=250+54=304

❸17 × 12 = 190 + 14 = 204
❹15 × 15 = 200 + 25 = 225
❺13 × 14 = 170 + 12 = 182
❻18 × 17 = 250 + 56 = 306
❼12 × 15 = 170 + 10 = 180
❽19 × 14 = 230 + 36 = 266
❾11 × 16 = 170 + 6 = 176
❿14 × 17 = 210 + 28 = 238

3 （問題は38ページ）
❶19 × 13 = 220 + 27 = 247
❷15 × 11 = 160 + 5 = 165
❸16 × 18 = 240 + 48 = 288
❹17 × 19 = 260 + 63 = 323
❺14 × 12 = 160 + 8 = 168
❻16 × 13 = 190 + 18 = 208
❼17 × 18 = 250 + 56 = 306
❽11 × 14 = 150 + 4 = 154
❾19 × 19 = 280 + 81 = 361
❿18 × 12 = 200 + 16 = 216

第2章 たし算と引き算、割り算の暗算をしよう！

ステップ1 「3ケタまでの数＋1ケタ」と、「3ケタまでの数－1ケタ」を暗算しよう！

1ケタの数をたす練習

1 （問題は49ページ）

㋐2 ㋑3 ㋒33 ㋓7 ㋔1 ㋕81 ㋖1 ㋗1 ㋘91 ㋙5 ㋚4 ㋛104 ㋜5 ㋝1
㋞131 ㋟3 ㋠2 ㋡602 ㋢2 ㋣5 ㋤665 ㋥1 ㋦5 ㋧805

☆2 (問題は50ページ)

㋐2　㋑7　㋒47　㋓4　㋔2　㋕62　㋖1　㋗3　㋘33　㋙3　㋚6　㋛106　㋜3　㋝3
㋞83　㋟3　㋠4　㋡214　㋢5　㋣3　㋤333　㋥1　㋦2　㋧162　㋨3　㋩5　㋪805
㋫4　㋬1　㋭811

☆3 (問題は51ページ)

❶94　❷82　❸108　❹64　❺42　❻884　❼564　❽301　❾802　❿165

☆4 (問題は52ページ)

❶66　❷482　❸207　❹103　❺91　❻645　❼53　❽266　❾931　❿101

1ケタの数を引く練習

☆1 (問題は59ページ)

㋐1　㋑1　㋒9　㋓2　㋔3　㋕57　㋖6　㋗2　㋘88　㋙4　㋚5　㋛45　㋜4　㋝2
㋞318　㋟3　㋠4　㋡96　㋢5　㋣3　㋤697　㋥2　㋦1　㋧909

☆2 (問題は60ページ)

㋐1　㋑5　㋒15　㋓4　㋔3　㋕7　㋖3　㋗1　㋘89　㋙8　㋚1　㋛69　㋜4　㋝4
㋞36　㋟1　㋠2　㋡448　㋢2　㋣6　㋤294　㋥3　㋦2　㋧238　㋨6　㋩3　㋪547
㋫6　㋬1　㋭99

☆3 (問題は61ページ)

❶64　❷88　❸7　❹19　❺58　❻245　❼987　❽392　❾99　❿865

☆4 (問題は62ページ)

❶97　❷14　❸76　❹866　❺36　❻319　❼796　❽28　❾83　❿978

「ここまで習った、たし算と引き算」の20問テスト　その1 (問題は63ページ)

❶14　❷212　❸82　❹95　❺644　❻42　❼921　❽838　❾104　❿9
⓫527　⓬698　⓭33　⓮585　⓯897　⓰28　⓱801　⓲38　⓳87　⓴61

「ここまで習った、たし算と引き算」の20問テスト　その2（問題は64ページ）

❶65　❷77　❸787　❹405　❺51　❻781　❼63　❽28　❾74　❿208
⓫8　⓬106　⓭599　⓮412　⓯349　⓰824　⓱166　⓲99　⓳92　⓴55

ステップ2　かんたんな割り算の計算をしよう！

1（問題は68ページ）❶7　❷9　❸8　❹3　❺7

2（問題は69ページ）❶7　❷4　❸5　❹7　❺9　❻9　❼3　❽8　❾7　❿5

3（問題は70ページ）❶4　❷6　❸7　❹4　❺1　❻7　❼6　❽5　❾1　❿6

4（問題は71ページ）❶8　❷2　❸7　❹7　❺9　❻5　❼2　❽3　❾5　❿1

「かんたんな割り算」の20問テスト　その1（問題は72ページ）

❶3　❷6　❸8　❹3　❺7　❻4　❼9　❽6　❾5　❿4
⓫9　⓬8　⓭6　⓮2　⓯3　⓰1　⓱5　⓲2　⓳4　⓴6

「かんたんな割り算」の20問テスト　その2（問題は73ページ）

❶8　❷3　❸3　❹4　❺2　❻8　❼6　❽4　❾1　❿7
⓫3　⓬8　⓭5　⓮9　⓯9　⓰2　⓱9　⓲9　⓳2　⓴5

第3章　＋－×÷と( )のまじった計算をできるようになろう！

ステップ1　ふつうは左から計算する！

1（問題は76ページ）

㋐5　㋑12　㋒24　㋓21　㋔6　㋕24　㋖6　㋗3　㋘61　㋙56　㋚62
㋛8　㋜40　㋝5

2 (問題は77ページ)

(解答には、途中式をのせています。一方、途中式を書いていなくても、正しい答えが出せていればもちろん正解です。)

❶ $9+3+5$
$=12+5$ 　($9+3=12$)
$=17$

❷ $16-4-7$
$=12-7$ 　($16-4=12$)
$=5$

❸ $3\times3\times8$
$=9\times8$ 　($3\times3=9$)
$=72$

❹ $72\div8\div3$
$=9\div3$ 　($72\div8=9$)
$=3$

❺ $22-5+8$
$=17+8$ 　($22-5=17$)
$=25$

❻ $6\times6\div4$
$=36\div4$ 　($6\times6=36$)
$=9$

❼ $36+8-7+5$
$=44-7+5$ 　($36+8=44$)
$=37+5$ 　($44-7=37$)
$=42$

❽ $2\times3\times4\div6$
$=6\times4\div6$ 　($2\times3=6$)
$=24\div6$ 　($6\times4=24$)
$=4$

❾ $17+4-8+9$
$=21-8+9$ 　($17+4=21$)
$=13+9$ 　($21-8=13$)
$=22$

❿ $12\div6\times4\times8$
$=2\times4\times8$ 　($12\div6=2$)
$=8\times8$ 　($2\times4=8$)
$=64$

3 (問題は78ページ)

(解答には、途中式をのせています。一方、途中式を書いていなくても、正しい答えが出せていればもちろん正解です。)

❶ $18+5+4+6$
$=23+4+6$ 　($18+5=23$)
$=27+6$ 　($23+4=27$)
$=33$

❷ $2\times9\div3\times8$
$=18\div3\times8$ 　($2\times9=18$)
$=6\times8$ 　($18\div3=6$)
$=48$

❸52 − 8 − 5 + 9
= 44 − 5 + 9 (52 − 8 = 44)
= 39 + 9 (44 − 5 = 39)
= 48

❹2 × 8 ÷ 4 × 3
= 16 ÷ 4 × 3 (2 × 8 = 16)
= 4 × 3 (16 ÷ 4 = 4)
= 12

❺94 − 6 − 2 + 1 + 5
= 88 − 2 + 1 + 5 (94 − 6 = 88)
= 86 + 1 + 5 (88 − 2 = 86)
= 87 + 5 (86 + 1 = 87)
= 92

❻81 ÷ 9 ÷ 3 × 4 ÷ 2
= 9 ÷ 3 × 4 ÷ 2 (81 ÷ 9 = 9)
= 3 × 4 ÷ 2 (9 ÷ 3 = 3)
= 12 ÷ 2 (3 × 4 = 12)
= 6

❼26 + 7 − 5 − 4 + 8
= 33 − 5 − 4 + 8 (26 + 7 = 33)
= 28 − 4 + 8 (33 − 5 = 28)
= 24 + 8 (28 − 4 = 24)
= 32

❽6 × 6 ÷ 4 × 3 ÷ 9
= 36 ÷ 4 × 3 ÷ 9 (6 × 6 = 36)
= 9 × 3 ÷ 9 (36 ÷ 4 = 9)
= 27 ÷ 9 (9 × 3 = 27)
= 3

ステップ2 「×と÷」は、「+と−」より先に計算する！

1 (問題は81ページ)

㋐② ㋑① ㋒12 ㋓5 ㋔5 ㋕② ㋖① ㋗5 ㋘13 ㋙13 ㋚① ㋛③ ㋜②
㋝3 ㋞3 ㋟10 ㋠13 ㋡13 ㋢③ ㋣① ㋤② ㋥2 ㋦4 ㋧14 ㋨14 ㋩①
㋪③ ㋫② ㋬9 ㋭9 ㋮7 ㋯2 ㋰2 ㋱② ㋲① ㋳③ ㋴6 ㋵13 ㋶14
㋷14

2 (問題は83ページ)

(解答には、途中式をのせています。一方、途中式を書いていなくても、正しい答えが出せていればもちろん正解です。)

(※親御さんへ … 計算の順については、他の順で計算しても正解が出る場合もありますので、「計算の順の一例」とお考えください。)

(1)5 + 4 × 6
② ① ←計算の順 (※)
= 5 + 24 (4 × 6 = 24)
= 29

(2)10 − 16 ÷ 2
② ①
= 10 − 8 (16 ÷ 2 = 8)
= 2

(3) $2 \times 7 + 4$
①　②
$2 \times 7 = 14$
$= 14 + 4$
$= 18$

(4) $8 + 27 \div 3$
②　①
$27 \div 3 = 9$
$= 8 + 9$
$= 17$

(5) $6 \times 2 - 42 \div 7$
①　③　②
$6 \times 2 = 12$
$= 12 - 42 \div 7$
$42 \div 7 = 6$
$= 12 - 6$
$= 6$

(6) $3 \times 8 \div 6 + 8$
①　②　③
$3 \times 8 = 24$
$= 24 \div 6 + 8$
$24 \div 6 = 4$
$= 4 + 8$
$= 12$

(7) $9 + 56 \div 8 \times 2$
③　①　②
$56 \div 8 = 7$
$= 9 + 7 \times 2$
$7 \times 2 = 14$
$= 9 + 14$
$= 23$

(8) $3 + 1 \times 2 \times 8$
③　①　②
$1 \times 2 = 2$
$= 3 + 2 \times 8$
$2 \times 8 = 16$
$= 3 + 16$
$= 19$

(9) $5 + 6 \times 6 - 7$
②　①　③
$6 \times 6 = 36$
$= 5 + 36 - 7$
$5 + 36 = 41$
$= 41 - 7$
$= 34$

(10) $35 \div 7 \div 1 + 9$
①　②　③
$35 \div 7 = 5$
$= 5 \div 1 + 9$
$5 \div 1 = 5$
$= 5 + 9$
$= 14$

3（問題は84ページ）

(解答には、途中式をのせています。一方、途中式を書いていなくても、正しい答えが出せていればもちろん正解です。)

(1) $2 \times 4 + 3 \times 6$
①　③　②←計算の順
$2 \times 4 = 8$
$= 8 + 3 \times 6$
$3 \times 6 = 18$
$= 8 + 18$
$= 26$

(2) $11 - 3 \times 4 \div 2$
③　①　②
$3 \times 4 = 12$
$= 11 - 12 \div 2$
$12 \div 2 = 6$
$= 11 - 6$
$= 5$

(3) $64 \div 8 \div 8 + 15$
①②③

$= 8 \div 8 + 15$ （$64 \div 8 = 8$）

$= 1 + 15$ （$8 \div 8 = 1$）

$= \underline{16}$

(4) $15 - 49 \div 7 + 8$
②①③

$= 15 - 7 + 8$ （$49 \div 7 = 7$）

$= 8 + 8$ （$15 - 7 = 8$）

$= \underline{16}$

(5) $7 + 2 - 48 \div 8$
②③①

$= 7 + 2 - 6$ （$48 \div 8 = 6$）

$= 9 - 6$ （$7 + 2 = 9$）

$= \underline{3}$

(6) $1 + 18 \div 3 \times 2$
③①②

$= 1 + 6 \times 2$ （$18 \div 3 = 6$）

$= 1 + 12$ （$6 \times 2 = 12$）

$= \underline{13}$

(7) $24 \div 3 + 2 \times 9$
①③②

$= 8 + 2 \times 9$ （$24 \div 3 = 8$）

$= 8 + 18$ （$2 \times 9 = 18$）

$= \underline{26}$

(8) $5 \div 5 \times 5 + 7$
①②③

$= 1 \times 5 + 7$ （$5 \div 5 = 1$）

$= 5 + 7$ （$1 \times 5 = 5$）

$= \underline{12}$

(9) $9 \times 2 \div 3 \times 6$
①②③

$= 18 \div 3 \times 6$ （$9 \times 2 = 18$）

$= 6 \times 6$ （$18 \div 3 = 6$）

$= \underline{36}$

(10) $3 \times 7 - 8 \div 4$
①③②

$= 21 - 8 \div 4$ （$3 \times 7 = 21$）

$= 21 - 2$ （$8 \div 4 = 2$）

$= \underline{19}$

ステップ3　かっこがある式では、かっこの中を一番先に計算する！

1 (問題は87ページ)

ア② イ① ウ5 エ3 オ3 カ① キ② ク12 ケ2 コ2 サ② シ① ス9 セ4 ソ4 タ② チ① ツ8 テ64 ト64 ナ① ニ③ ヌ② ネ9 ノ9 ハ7 ヒ63 フ63 ヘ① ホ② マ③ ミ48 ム8 メ40 モ40

2 (問題は89ページ)

ア① イ② ウ5 エ35 オ35 カ② キ① ク9 ケ8 コ8 サ② シ① ス③ セ3 ソ15 タ23 チ23 ツ③ テ① ト② ナ6 ニ1 ヌ9 ネ9 ノ② ハ① ヒ③ フ28 ヘ30 ホ5 マ5 ミ② ム① メ③ モ6 ヤ4 ユ36 ヨ36

3（問題は91ページ）

（解答には、途中式をのせています。一方、途中式を書いていなくても、正しい答えが出せていればもちろん正解です。）

(1) $7 \times (9 - 8)$
② ① ←計算の順
$= 7 \times 1$　（$9 - 8 = 1$）
$= 7$

(2) $(29 + 3) \div 4$
① ②
$= 32 \div 4$　（$29 + 3 = 32$）
$= 8$

(3) $42 \div (2 \times 3)$
② ①
$= 42 \div 6$　（$2 \times 3 = 6$）
$= 7$

(4) $(16 - 9) \times 8$
① ②
$= 7 \times 8$　（$16 - 9 = 7$）
$= 56$

(5) $(6 \times 2 - 7) \times 5$
① ② ③
$= (12 - 7) \times 5$　（$6 \times 2 = 12$）
$= 5 \times 5$　（$12 - 7 = 5$）
$= 25$

(6) $24 \div (1 + 2) + 5$
② ① ③
$= 24 \div 3 + 5$　（$1 + 2 = 3$）
$= 8 + 5$　（$24 \div 3 = 8$）
$= 13$

(7) $6 \times (4 + 10 \div 2)$
③ ② ①
$= 6 \times (4 + 5)$　（$10 \div 2 = 5$）
$= 6 \times 9$　（$4 + 5 = 9$）
$= 54$

(8) $(11 - 5) - (11 - 7)$
① ③ ②
$= 6 - (11 - 7)$　（$11 - 5 = 6$）
$= 6 - 4$　（$11 - 7 = 4$）
$= 2$

(9) $(73 - 63 \div 7) \div 8$
② ① ③
$= (73 - 9) \div 8$　（$63 \div 7 = 9$）
$= 64 \div 8$　（$73 - 9 = 64$）
$= 8$

(10) $62 - (19 + 9) \div 7$
③ ① ②
$= 62 - 28 \div 7$　（$19 + 9 = 28$）
$= 62 - 4$　（$28 \div 7 = 4$）
$= 58$

4 (問題は92ページ)

(解答には、途中式をのせています。一方、途中式を書いていなくても、正しい答えが出せていればもちろん正解です。)

(1) $7 \times 7 \div (8-1)$
② ③ ① ←計算の順

$= 7 \times 7 \div 7$ 　8 − 1 = 7

$= 49 \div 7$ 　7 × 7 = 49

$= 7$

(2) $76 + (16 \div 4 \times 2)$
③ ① ②

$= 76 + (4 \times 2)$ 　16 ÷ 4 = 4

$= 76 + 8$ 　4 × 2 = 8

$= 84$

(3) $(59-5) \div (14-8)$
① ③ ②

$= 54 \div (14-8)$ 　59 − 5 = 54

$= 54 \div 6$ 　14 − 8 = 6

$= 9$

(4) $(1+9) \div 5 + 6$
① ② ③

$= 10 \div 5 + 6$ 　1 + 9 = 10

$= 2 + 6$ 　10 ÷ 5 = 2

$= 8$

(5) $9 \times (15 - 2 \times 5)$
③ ② ①

$= 9 \times (15 - 10)$ 　2 × 5 = 10

$= 9 \times 5$ 　15 − 10 = 5

$= 45$

(6) $(24 \div 8 + 5) \times 4$
① ② ③

$= (3+5) \times 4$ 　24 ÷ 8 = 3

$= 8 \times 4$ 　3 + 5 = 8

$= 32$

(7) $(7+28) \div 5 + 36$
① ② ③

$= 35 \div 5 + 36$ 　7 + 28 = 35

$= 7 + 36$ 　35 ÷ 5 = 7

$= 43$

(8) $40 \div (17 - 3 \times 3)$
③ ② ①

$= 40 \div (17 - 9)$ 　3 × 3 = 9

$= 40 \div 8$ 　17 − 9 = 8

$= 5$

(9) $(72-5) - (12-4)$
① ③ ②

$= 67 - (12-4)$ 　72 − 5 = 67

$= 67 - 8$ 　12 − 4 = 8

$= 59$

(10) $18 \div (1 \times 1 + 1)$
③ ① ②

$= 18 \div (1+1)$ 　1 × 1 = 1

$= 18 \div 2$ 　1 + 1 = 2

$= 9$

ステップ4　おみやげ算と、かっこを使う計算をしよう！

1 (問題は95ページ)

(解答には、途中式をのせています。一方、途中式を書いていなくても、正しい答えが出せていればもちろん正解です。)

(1) $3+12\times13$ 　② ① ←計算の順

$12\times13=156$ (おみやげ算)

$=3+156$

$=159$

(2) $14\times16-5$ 　① ②

$14\times16=224$

$=224-5$

$=219$

(3) $(23-8)\times17$ 　① ②

$23-8=15$

$=15\times17$

$=255$

(4) $(9+9)\times18$ 　① ②

$9+9=18$

$=18\times18$

$=324$

(5) $25\div5+19\times11$ 　① ③ ②

$25\div5=5$

$=5+19\times11$

$19\times11=209$

$=5+209$

$=214$

(6) $9+14\times18-3$ 　② ① ③

$14\times18=252$

$=9+252-3$

$9+252=261$

$=261-3$

$=258$

(7) $14\times(1+2\times7)$ 　③ ② ①

$2\times7=14$

$=14\times(1+14)$

$1+14=15$

$=14\times15$

$=210$

(8) $2\times8\times16-8$ 　① ② ③

$2\times8=16$

$=16\times16-8$

$16\times16=256$

$=256-8$

$=248$

(9) $18\times19-(14-8)$ 　② ③ ①

$14-8=6$

$=18\times19-6$

$18\times19=342$

$=342-6$

$=336$

(10) $(25-6)\times(7+8)$ 　① ③ ②

$25-6=19$

$=19\times(7+8)$

$7+8=15$

$=19\times15$

$=285$

2（問題は96ページ）

（解答には、途中式をのせています。一方、途中式を書いていなくても、正しい答えが出せていればもちろん正解です。）

(1) $2 \times 6 \times (9+8)$
②　③　①←計算の順
$9+8=17$
$=2 \times 6 \times 17$
$2 \times 6=12$
$=12 \times 17$
$=204$

(2) $64 \div 8 \times 2 \times 18$
①　②　③
$64 \div 8=8$
$=8 \times 2 \times 18$
$8 \times 2=16$
$=16 \times 18$
$=288$

(3) $8+(5+8) \times 12$
③　①　②
$5+8=13$
$=8+13 \times 12$
$13 \times 12=156$
$=8+156$
$=164$

(4) $11 \times (24-3 \times 3)$
③　②　①
$3 \times 3=9$
$=11 \times (24-9)$
$24-9=15$
$=11 \times 15$
$=165$

(5) $17 \times 18-81 \div 9$
①　③　②
$17 \times 18=306$
$=306-81 \div 9$
$81 \div 9=9$
$=306-9$
$=297$

(6) $18 \times (21-35 \div 5)$
③　②　①
$35 \div 5=7$
$=18 \times (21-7)$
$21-7=14$
$=18 \times 14$
$=252$

(7) $(15-9) \times 2 \times (9+6)$
①　③　④　②
$15-9=6$
$=6 \times 2 \times (9+6)$
$9+6=15$
$=6 \times 2 \times 15$
$6 \times 2=12$
$=12 \times 15$
$=180$

(8) $(49 \div 7+27 \div 3) \times 13$
①　③　②　④
$49 \div 7=7$
$=(7+27 \div 3) \times 13$
$27 \div 3=9$
$=(7+9) \times 13$
$7+9=16$
$=16 \times 13$
$=208$

(9) $7 \times (8 \div 4) \times (22-5)$
③　①　④　②
$8 \div 4=2$
$=7 \times 2 \times (22-5)$
$22-5=17$
$=7 \times 2 \times 17$
$7 \times 2=14$
$=14 \times 17$
$=238$

(10) $3 \times 5 \times 15-(3+5)$
②　③　④　①
$3+5=8$
$=3 \times 5 \times 15-8$
$3 \times 5=15$
$=15 \times 15-8$
$15 \times 15=225$
$=225-8$
$=217$

総まとめテスト　その1　達人の城の入り口に到着！（問題は97ページ）

（解答には、途中式をのせています。一方、途中式を書いていなくても、正しい答えが出せていればもちろん正解です。）

(1) 17 × (8 + 8) − 5
②　①　③ ←計算の順
8 + 8 = 16
= 17 × 16 − 5
17 × 16 = 272
= 272 − 5
= 267

(2) 18 × (6 + 36 ÷ 4)
③　②　①
36 ÷ 4 = 9
= 18 × (6 + 9)
6 + 9 = 15
= 18 × 15
= 270

(3) (6 × 4 − 5) × 14
①　②　③
6 × 4 = 24
= (24 − 5) × 14
24 − 5 = 19
= 19 × 14
= 266

(4) 12 × (9 + 2) − 9
②　①　③
9 + 2 = 11
= 12 × 11 − 9
12 × 11 = 132
= 132 − 9
= 123

(5) 2 × 3 × 3 × 12
①　②　③
2 × 3 = 6
= 6 × 3 × 12
6 × 3 = 18
= 18 × 12
= 216

(6) (16 ÷ 2 + 3) × 19
①　②　③
16 ÷ 2 = 8
= (8 + 3) × 19
8 + 3 = 11
= 11 × 19
= 209

(7) 13 × (6 + 81 ÷ 9) + 8
③　②　①　④
81 ÷ 9 = 9
= 13 × (6 + 9) + 8
6 + 9 = 15
= 13 × 15 + 8
13 × 15 = 195
= 195 + 8
= 203

(8) (48 ÷ 6 × 2) × (27 − 8)
①　②　④　③
48 ÷ 6 = 8
= (8 × 2) × (27 − 8)
8 × 2 = 16
= 16 × (27 − 8)
27 − 8 = 19
= 16 × 19
= 304

(9) $(17+7-9)\times(7+7)$
① ② ④ ③

$=(24-9)\times(7+7)$ 　← $17+7=24$

$=15\times(7+7)$ 　← $24-9=15$

$=15\times14$ 　← $7+7=14$

$=\underline{210}$

(10) $(23-6)\times19-(12-5)$
① ③ ④ ②

$=17\times19-(12-5)$ 　← $23-6=17$

$=17\times19-7$ 　← $12-5=7$

$=323-7$ 　← $17\times19=323$

$=\underline{316}$

総まとめテスト　その2　達人の弟子との対決！（問題は98ページ）

（解答には、途中式をのせています。一方、途中式を書いていなくても、正しい答えが出せていればもちろん正解です。）

(1) $(36\div9)\times(24\div6)\times17$
① ③ ② ④

$=4\times(24\div6)\times17$ 　← $36\div9=4$

$=4\times4\times17$ 　← $24\div6=4$

$=16\times17$ 　← $4\times4=16$

$=\underline{272}$

(2) $13\times(7+42\div7)-9$
③ ② ① ④

$=13\times(7+6)-9$ 　← $42\div7=6$

$=13\times13-9$ 　← $7+6=13$

$=169-9$ 　← $13\times13=169$

$=\underline{160}$

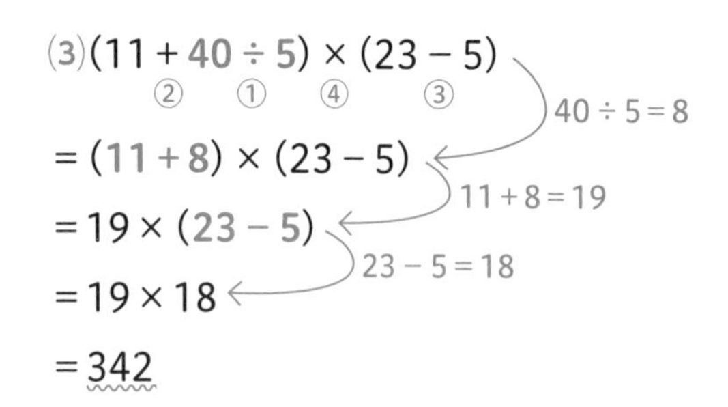

(3) $(11+40\div5)\times(23-5)$
② ① ④ ③

$=(11+8)\times(23-5)$ 　← $40\div5=8$

$=19\times(23-5)$ 　← $11+8=19$

$=19\times18$ 　← $23-5=18$

$=\underline{342}$

(4) $16\times15+72-(14-8)$
② ③ ④ ①

$=16\times15+72-6$ 　← $14-8=6$

$=240+72-6$ 　← $16\times15=240$

$=312-6$ 　← $240+72=312$

$=\underline{306}$

(5) $(22-16\div4\times2)\times19$
③ ① ② ④

$=(22-4\times2)\times19$ 　← $16\div4=4$

$=(22-8)\times19$ 　← $4\times2=8$

$=14\times19$ 　← $22-8=14$

$=\underline{266}$

(6) $7+18\times(3+5\times2)$
④ ③ ② ①

$=7+18\times(3+10)$ 　← $5\times2=10$

$=7+18\times13$ 　← $3+10=13$

$=7+234$ 　← $18\times13=234$

$=\underline{241}$

(7) $(5\times3-4)\times(8+9)$

①　②　④　③

$=(15-4)\times(8+9)$　　$5\times3=15$

$=11\times(8+9)$　　$15-4=11$

$=11\times17$　　$8+9=17$

$=\underline{187}$

(8) $18\times17-(15-28\div4)$

③　④　②　①

$=18\times17-(15-7)$　　$28\div4=7$

$=18\times17-8$　　$15-7=8$

$=306-8$　　$18\times17=306$

$=\underline{298}$

(9) $64\div8\div2\times4\times11$

①　②　③　④

$=8\div2\times4\times11$　　$64\div8=8$

$=4\times4\times11$　　$8\div2=4$

$=16\times11$　　$4\times4=16$

$=\underline{176}$

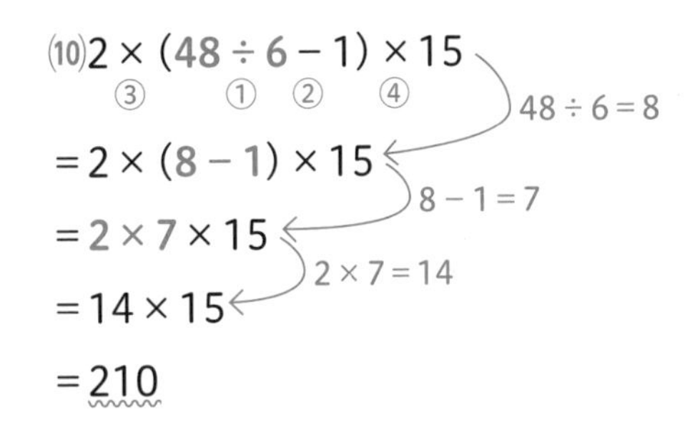

(10) $2\times(48\div6-1)\times15$

③　①　②　④

$=2\times(8-1)\times15$　　$48\div6=8$

$=2\times7\times15$　　$8-1=7$

$=14\times15$　　$2\times7=14$

$=\underline{210}$

総まとめテスト　その3　達人との対決！（問題は99ページ）

（解答には、途中式をのせています。一方、途中式を書いていなくても、正しい答えが出せていればもちろん正解です。）

(1) $3\times6\times15+55-8$

①　②　③　④←計算の順

$=18\times15+55-8$　　$3\times6=18$

$=270+55-8$　　$18\times15=270$

$=325-8$　　$270+55=325$

$=\underline{317}$

(2) $(25-8)\times(24\div6\times3)$

①　④　②　③

$=17\times(24\div6\times3)$　　$25-8=17$

$=17\times(4\times3)$　　$24\div6=4$

$=17\times12$　　$4\times3=12$

$=\underline{204}$

(3) $9+(2\times8)\times(5+8)$

④　①　③　②

$=9+16\times(5+8)$　　$2\times8=16$

$=9+16\times13$　　$5+8=13$

$=9+208$　　$16\times13=208$

$=\underline{217}$

(4) $19\times(8+3\times3)-4$

③　②　①　④

$=19\times(8+9)-4$　　$3\times3=9$

$=19\times17-4$　　$8+9=17$

$=323-4$　　$19\times17=323$

$=\underline{319}$

(5) $(22-5)\times17+40\div8$

①(22−5) ②×17 ④+ ③40÷8

$=17\times17+40\div8$　($22-5=17$)

$=289+40\div8$　($17\times17=289$)

$=289+5$　($40\div8=5$)

$=294$

(6) $48\div8\div2\times5\times14$

① ② ③ ④

$=6\div2\times5\times14$　($48\div8=6$)

$=3\times5\times14$　($6\div2=3$)

$=15\times14$　($3\times5=15$)

$=210$

(7) $(11+5)\div(1\times2)+(21-8)\times(13+6)$

① ⑤ ② ⑦ ③ ⑥ ④

$=16\div(1\times2)+(21-8)\times(13+6)$　($11+5=16$)

$=16\div2+(21-8)\times(13+6)$　($1\times2=2$)

$=16\div2+13\times(13+6)$　($21-8=13$)

$=16\div2+13\times19$　($13+6=19$)

$=8+13\times19$　($16\div2=8$)

$=8+247$　($13\times19=247$)

$=255$

(8) $6+(3\times2\times3)\times(24-8+1)-63\div(81\div9)$

⑧ ① ② ⑥ ③ ④ ⑨ ⑦ ⑤

$=6+(6\times3)\times(24-8+1)-63\div(81\div9)$　($3\times2=6$)

$=6+18\times(24-8+1)-63\div(81\div9)$　($6\times3=18$)

$=6+18\times(16+1)-63\div(81\div9)$　($24-8=16$)

$=6+18\times17-63\div(81\div9)$　($16+1=17$)

$=6+18\times17-63\div9$　($81\div9=9$)

$=6+306-63\div9$　($18\times17=306$)

$=6+306-7$　($63\div9=7$)

$=312-7$　($6+306=312$)

$=305$

キリトリ

おめでとう！

『計算の達人』認定書

殿

「なせば成る」という言葉があります。簡単に言うと「やればできる」という意味です。1冊、よくやり抜きましたね！
あなたは、この本を「やろう！」と思い立ったから、最後までできたのです。
あなたが初めに「できない」と思ってしまえば、やりきることはできなかったでしょう。
この本で習ったことを、学校に塾にいろんなところで使ってください。
何事も最初に「やってみよう！」と思うことが大切です。これからも、いろいろなことに挑戦するあなたを応援します！

東大卒プロ算数講師
小杉 拓也

認定

［著者］
小杉拓也（こすぎ・たくや）

●東京大学経済学部卒。プロ算数講師。志進ゼミナール塾長。
プロ家庭教師、SAPIXグループの個別指導塾の塾講師など20年以上の豊富な指導経験があり、常にキャンセル待ちの出る人気講師として活躍している。
●現在は、学習塾「志進ゼミナール」を運営し、小学生から高校生に指導を行っている。毎年難関校に合格者を輩出している。算数が苦手な生徒の偏差値を45から65に上げて第一志望校に合格させるなど、着実に学力を伸ばす指導に定評がある。暗算法の開発や研究にも力を入れている。
●ずっと算数や数学を得意にしていたわけではなく、中学3年生の試験では、学年で下から3番目の成績だった。数学の難しい問題集を解いても成績が上がらなかったので、教科書を使って基礎固めに力を入れたところ、成績が伸び始める。その後、急激に成績が伸び、塾にほとんど通わず、東大と早稲田大の現役合格を達成する。この経験から、「基本に立ち返って、深く学習することの大切さ」を学び、それを日々の生徒の指導に活かしている。
●著書は『小学生がたった1日で19×19までかんぺきに暗算できる本』『ビジネスで差がつく計算力の鍛え方』『この1冊で一気におさらい! 小中学校9年分の算数・数学がわかる本』（いずれもダイヤモンド社）、『改訂版 小学校6年間の算数が1冊でしっかりわかる本』（かんき出版）、『増補改訂版 小学校6年分の算数が教えられるほどよくわかる』（ベレ出版）など多数。

小学生がたった1日で19×19までかんぺきに暗算できる本 計算の達人編

2023年11月7日　第1刷発行
2023年12月15日　第2刷発行

著　者——小杉拓也
発行所——ダイヤモンド社
〒150-8409　東京都渋谷区神宮前6-12-17
https://www.diamond.co.jp/
電話／03·5778·7233（編集）　03·5778·7240（販売）

装丁————小口翔平＋畑中茜（tobufune）
本文デザイン/イラスト/DTP————明昌堂
製作進行——ダイヤモンド・グラフィック社
校正————ダブルウイング
印刷　ベクトル印刷
製本————ブックアート
編集担当——吉田瑞希

ISBN 978-4-478-11805-4

※指導のご依頼等、本書の内容から離れたお問い合わせにはお答えできない場合がございますので、ご了承ください。